TOM ZIMBEROFF

CHOPPER

KUNSTWERKE
AUF RÄDERN

DELIUS KLASING VERLAG

Die Originalausgabe dieses Buches erschien unter dem Titel
»Art of the Chopper« bei MBI Publishing Company, St.Paul / USA.
© Tom Zimberoff, 2003
Herausgegeben von Darwin Holmstrom

Bibliografische Information Der Deutschen Bibliothek
Die Deutsche Bibliothek verzeichnet diese Publikation in der
Deutschen Nationalbibliografie; detaillierte bibliografische Daten
sind im Internet über »http://dnb.ddb.de« abrufbar.

1. Auflage
ISBN 3-7688-5208-3
© Die Rechte für die deutsche Ausgabe liegen
beim Moby Dick Verlag,
Postfach 3369, D-24032 Kiel

Schutzumschlaggestaltung: Buchholz/Hinsch/Hensinger, Hamburg
Übersetzung: Udo Stünkel
Druck: Stalling GmbH, Oldenburg
Printed in Germany 2004

Delius Klasing Verlag, Siekerwall 21, D-33602 Bielefeld
Tel.: 0521/559-0, Fax: 0521/559-115
E-Mail: info@delius-klasing.de
www.delius-klasing.de

Fotoausrüstung

Für die Schwarzweiß-Fotografien wurden drei ehrwürdige Leica M4-Kameras verwendet, die mit vier Leitz-Objektiven bestückt waren: 21 mm, 35 mm, 50 mm und 135 mm.

Für die 35-mm-Farbbilder, die größere Objektive erforderten sowie mehr Aktion erlaubten, verließ ich mich auf meine motorgetriebene Canon EOS 1, die ich mit einem 20-35 mm- sowie einem 80-200 mm-Zoom ausrüstete.

Sowohl die Schwarzweiß-Porträts als auch die farbigen Motorradaufnahmen wurden mit einer 4 x 5 Zoll Techniker-Kamera Wista SP und drei Objektiven (einem 135er und einem 200er Nikkor sowie einem Schneider 150 mm) angefertigt. Der Copal/Wista-Verschluss ermöglicht ein besseres Fokussieren, indem die Blende automatisch auf einen vorbestimmten Wert abgesenkt wird.

Trotz der zunehmenden Digitalisierung kann kein Bild ohne einen Film entstehen, wenn man die von einer Großformat-Kamera gebotene außergewöhnliche Qualität sowie die Sicherheit verlangt, die Bilder auch noch in mehr als 50 Jahren betrachten zu können.

Bei den Porträts vertraute ich auf den Kodak T-Max 100, die Schnappschüsse wurden mit den 35-mm-Filmen Tri-X 400 und E 100-S gemacht. Die Motorrad-Fotos wurden jeweils mit Readyload 4 x 5-Zoll-Film gemacht.

Vier Blitzgeräte Speedotron 4800 und ebenso viele Scheinwerfer sorgten für das nötige Kunstlicht. Eine zusammenklappbare und 1,50 x 3 Meter große Lichtanlage Chimera F2 leuchtete mithilfe von in unterschiedlichen Kombinationen eingesetzten Stützen, Rollen, Galgen, Sandsäcken, Tüchern, Schirmen und anderen Ausrüstungsgegenständen die Motorräder aus.

Inhalt

Chrome Magnum. Alan Lee

Eddie Trotta

Vorwort

Als wir in den späten 1950er-Jahren damit begannen, Harley Big-Twins umzubauen, verjagten uns die meisten Händler aus ihren Geschäften und wollten uns keine Teile verkaufen. Wir versuchten, die Maschinen schneller zu machen, indem wir überflüssiges Gewicht abbauten und ihnen ein cooleres und schnittigeres Aussehen gaben. Aber sie fanden, dass das, was wir machten, ein Frevel, eine Zerstörung der Maschine wäre.

Natürlich amüsiere ich mich darüber, dass vier Jahrzehnte später wohlhabende Leute große Geldsummen für Chopper ausgeben und sie als »Kunst« betrachten, die es wert ist, in einem Museum ausgestellt zu werden – schließlich waren sie einst Spielzeuge armer Jungen.

Einige der One-Percenter-Clubs hatten sogar Regeln, nach denen ihre Mitglieder Chopper zu fahren hatten – und keine Full-Dresser-Maschinen, die wir »Müllwagen« nannten. Dies stand in einem krassen Gegensatz zu den Touring-Clubs und den in damaligen Harley-Anzeigen abgebildeten Fahrern.

Zuerst entfernten wir das komplette Vorderrad-Schutzblech und schnitten den hinteren Kotflügel zurecht, außerdem tauschten wir den Lenker aus. Die ersten weit zurückgezogenen Lenkstangen wurden aus den verchromten Stahlrahmen damals sehr beliebter Küchenstühle gefertigt. Eine der ersten Zubehörfirmen – Flanders – brachte Riser und Lenker heraus, die man an die Gabelbrücken montieren konnte. Doch meistens mussten wir die notwendigen Teile selbst anfertigen oder das anpassen, was wir hatten – zum Beispiel Gabelrohre zerschneiden und wieder zusammenschweißen, um sie um sechs Zoll zu verlängern. Es gab einen Kotflügel eines 1936er-Ford-LKWs, der an einer Harley ein wunderbares Hinterradschutzblech für einen 16-Zoll-Reifen abgab. Oder man baute das Vorderradschutzblech einer Hydra-Glide nach hinten, um einen scharf aussehendes Maschinenheck zu erhalten.

Das Foto auf der rechten Seite zeigt mich im Jahre 1960 auf einer gerade fertig gestellten Maschine, die auf 80 Kubik-Inch aufgebohrt wurde. Die Doppelvergaser wurden direkt an die Köpfe geschweißt, sodass ich keine Ansaugstutzen anfertigen musste. Die Verwendung von Hydra-Glide-Gabelrohren, die auf einer Drehbank etwas abgedreht wurden, sowie um einige Zoll verengte Gabelbrücken ließen den Vorderbau mehr nach den heutigen Narrow-Glides aussehen. Alles, was verchromt werden konnte, wurde verchromt, und die gelbe Flammen-Lackierung war von Red Lee. Damals war es eine radikale Maschine, die zudem auch sehr schnell war. Ich tauschte sie im nächsten Jahr gegen eine nagelneue Sportster ein, die allerdings auch nicht sehr lange im Serienzustand verblieb.

Ebenfalls zu dieser Zeit hatte eines unserer Mitglieder in Oakland einen Unfall, und ich strippte seine Maschine, um einen Chopper daraus zu machen, während er im Krankenhaus lag.

Wir nahmen Schwungmasse weg, um die Maschine zu erleichtern und eine bessere Beschleunigung zu bekommen. Reichlich Schwungmasse mochte besser für eine gute Höchstgeschwindigkeit sein, aber hauptsächlich wollten wir eine gute Beschleunigung. Für mehr Speed vergrößerten wir den Vergaser und bauten schärfere Nocken, stabilere Stößelstangen, größere Ventile, eine andere Getriebeübersetzung sowie größere Kettenräder ein.

Der breite Tank und die plüschig gepolsterte Sitzbank der Serienmaschine verdeckten den Motor, doch wir zogen es vor, ihn zeigen (und im Notfall leicht erreichen) zu können, also verwendeten wir einen kleineren Tank und einen mickrigen Sitz, der direkt auf den Rahmen montiert wurde und als Teil des Kotflügel fungierte. Wesentlich wichtiger, als bequem lange Strecken fahren zu können, war es, cool auszusehen.

Die Verlängerung der Gabel war so etwas wie ein Wettbewerb für sich, bei dem man gut sehen konnte, wie weit jemand zu gehen bereit war. Meine persönlichen Vorlieben liegen in einem guten Handling – auch in Kurven, also bin ich niemals über 3,5 Zoll-verlängerte Gabelrohre oder den Serien-Lenkkopfwinkel hinaus gegangen.

Zugegebenermaßen hatten einige der extremeren Umbauten auch Auswirkungen auf die Fahrsicherheit, sodass ein Fahrer, der diese Risiken einging, die nötige Draufgänger-Haltung haben musste. Dies muss ein anderer Grund gewesen sein, warum wir es taten.

Heute ist es für Leute mit genügend Geld möglich, sich Custombikes aus einer Riesenauswahl an fertigen und frei erhältlichen Komponenten zusammenzubauen. Es gibt sogar Alternativen zur Company aus Milwaukee, und manche neuen Teile sind auch nur dank moderner Materialien und Hightech-Fertigung möglich.

Manche der in diesem Buch vorgestellten Maschinen sind für die Rennstrecke geeignet, andere fürs Reisen, und einige nur zum Anschauen. Jede von ihnen ist ein einzigartiger Ausdruck der Vision ihres Erbauers bezüglich Styling und Performance. Egal, ob man sie als Transportmittel oder als Kunst auffasst, sie haben alle eines gemeinsam: Sie machen jede Menge Spaß.

Ralph »Sonny« Barger

Ralph »Sonny« Barger, Gründungsmitglied der Oakland Hell's Angels im Jahre 1957, ist seit mehr als vier Jahrzehnten eine prominente Figur der amerikanischen Motorradszene sowie Autor verschiedener Bücher, darunter »Hell's Angels: The Life and Times of Sonny Barger and the Hell's Angels Motorcycle Club«, das von Twentieth Century Fox unter der Leitung von Tony Scott verfilmt wurde.

Einleitung

D ie Welt der Haute Couture wird von einer kleinen Anzahl Modeschöpfer dominiert, deren glamouröse, einzigartige, überragende und extravagant teure Kleidung in jeder Saison mit größerem Tamtam in den Salons der kosmopolitischen Kapitale der gesamten Welt debütiert. Vom Laufsteg bis auf die Kleiderstange initiieren ihre Designs einen Prozess der Nachahmung, in dem schließlich Supermarkt-Kopien den Verkauf dominieren. Die Motorradszene beobachtet ebenfalls genau diese auf ähnlich verherrlichten Medien-Events saisonal auftretenden extrem teuren und modischen Sensationen. Statt auf den Laufstegen von Paris, Mailand, Tokio oder New York sieht man sie auf den Straßen von Sturgis, Daytona, Hollister und Milwaukee. Statt magersüchtiger Models, die die

Der Autor/Fotograf bei der Arbeit.
Zimberoff und Billy Lane. Tony Irvin
Links: **Zimberoff und Chica.** Tony Irvin

neuesten Tücher von Givency, Dior, Miyake, Armani und Versace tragen, gibt es hier Silikon- und Steroid-verstärkte Körper professioneller Catcher oder Stripper zu sehen, welche rittlings auf den Trendsetter-Kreationen der in diesem Buch vorgestellten Erbauer sitzen. Doch dieses Buch berichtet nicht über Leute, die Motorrad fahren oder den höchsten Genuss, den dies bedeuten kann. Es handelt von Kerlen, die darauf brennen, 70000 Dollar teure Motorräder zu bauen. Es handelt von ihren Tricks, Bleche zu verformen, und ihren starken Charakteren. Es geht nicht um Biker-Kultur – es geht darum, dass diese Bikes Kultur sind.

Chopper sind buchstäblich Vehikel der Selbstdarstellung. Ihre Erbauer haben ein Talent, massive Aluminium-Blöcke und Stahlbleche zu einem beweglichen und den Betrachter bewegenden Kunstwerk zu schnitzen, zu dengeln und zu schweißen. Ein Motorrad in Handarbeit zu erstellen, ist gleichzeitig Lebensart wie Geschäft. In seinem Buch »Zen und die Kunst ein Motorrad zu warten« schrieb Robert Pirsig: »Die alten Griechen trennten im Geiste niemals die Kunst vom Handwerk, sodass sie auch nie verschiedene Wörter dafür entwickelten. Tatsächlich bedeutet die Wurzel des Wortes Technologie – Techne – ursprünglich ›Kunst‹.«

Erbauer von Custom-Bikes sind in der Welt der kommerziell produzierten Motorräder auch eine Art Schiedsrichter. Was sie als aktuelle Mode – oder in diesem Fall als cool, raffiniert oder auch fies und böse – definieren, wird schließlich in die kollektiven Abgründe der Massenproduktion und medialen Übertreibung rieseln. Trotzdem will dieses Buch ihre Arbeit mehr als reine Populärunterhaltung präsentieren. Das Erbauen und Fahren von Choppern ist eine so uramerikanische Kunst wie der Jazz. Seine improvisierten Riffs haben zu ebenso vielen mechanischen Besonderheiten, Chrom-Zierrat, Gestängen, Rahmen, Gabeln, Tanks und Reifen geführt – sowie verschiedenen Wegen, diese zu kombinieren –, wie es Noten in Charlie Parkers Saxofon-Soli gibt. Und dank des Exports dieser Art von Verschrobenheit in andere Kulturen ist der Chopper-Stil in Rom genauso zu finden wie in Riad.

Doch ich will diesen Vergleich zunächst beiseite packen, denn ich komme wieder auf Stil- und Modebegriffe zurück – und dabei möchte ich bleiben. Es ist nicht die Art von Mode, die man in Vogue zu sehen bekommt. Statt in tiefe V-förmige Dekolletees sieht man reichlich unverhüllten V-Motor. Statt Chiffon und Taft gibt es Chrom und Eisen. Inspiriert von den Verlockungen der Haute Couture gebe ich dem grobkörnigen Glamour den Namen Haute Moteur: Chopper-Kunstwerke.

In Quentin Tarantinos Film »Pulp Fiction« gibt es eine Szene, in der Butch, ein von Bruce Willis gespielter Boxer, seine Freundin korrigiert: »Dies ist kein Motorrad, es ist ein Chopper!« In dem Kontext eines Films, der genauso modisch cool wie grausam vergeltend daher kommt, ist dies eine bemerkenswerte Äußerung. Sie fordert gewaltsam deine Aufmerksamkeit für die Kunst. »Pulp Fiction« gleicht insofern selbst einem Chopper.

Chopper gieren nach Aufmerksamkeit. Wenn du an irgendeiner Straßenecke der Welt die neueste Ducati, Honda, Yamaha, BMW oder Serien-Harley parkst, achten nur sehr wenige Passanten darauf. Fährst du aber einen bis zum Boden tiefer gelegten, gestreckten und gereckten, aufgebohrten V-Twin-Chopper vor, der mit blendendem Chrom, mit in den Himmel ragenden Auspuffrohren und einer radikalen Lackierung herausgeputzt ist, wirst du überall Meschenmassen anziehen! Solch ein Motorrad wird wie jedes andere begehrte Kunstwerk zum Zentrum der Aufmerksamkeit, wo immer es in den Blick der Öffentlichkeit rollt. Als Objekte der Betrachtung, nicht bloß des Transports, sind Chopper paradox. Sie sind der heilige Gegenstand einer Kultur, die die Gotteslästerung verehrt. Sie sind ordinär und prahlerisch – und dennoch schmerzhaft schön. Ihre Anwesenheit provoziert wie jedes Objekt der Begierde immer überhebliche Bemerkungen. Nebenbei würde kein Fahrer seinen Chopper so parken, dass er kein Auge darauf werfen könnte; nicht aus Furcht, er könne gestohlen werden, sondern weil jeder Parkplatz eine neue Bühne des Genusses darstellt.

Psychedelic Shovel. Tom Rad

Heute hat die Baby-Boomer-Generation eine Renaissance der hohen Kunst des Low-Riders entfacht, des Choppers ungestüme aber schicke Kombination aus Eisen, Öl, Chrom, Lack, Gummi und Dezibel. Doch während manche Leute mit dem, was von der Stange kommt, zufrieden sind – sagen wir einer Serien-Harley mit einem Klecks Chrom hier und ein paar PS dort –, oder sogar einem »Supermarkt«-Chopper, wird ein wahrer Kenner Maßarbeit verlangen, bei deren Preis anderen nur die Kinnlade herunterfällt – und sich so schnell nicht wieder schließen lässt. Einen individuellen Chopper zu besitzen und zu fahren, ist selbstsüchtige Maßlosigkeit. Wie Eddie Trotta sagt: »Es ist besser, gut auszusehen, als sich gut zu fühlen!« Aber es repräsentiert auch eine Trotzhaltung gegen Mittelmäßigkeit und Anpassung – solange man die finanzielle Schlagkraft besitzt, Materie nur aus Spaß stilvoll zu verwandeln.

Einen Custom-Chopper zu besitzen, ist der Traum vieler Motorradfahrer. Das Wort Custom beinhaltet einen hohen Grad von Individualität und eine Menge Stil; es ist das

Zimberoff bei der Arbeit. Tony Irvin

Charakteristikum eines Choppers, nach einem einzigartigen Design von Hand gefertigt worden zu sein. Das hat etwas Großtuerisches. Man stelle sich den Unterschied zwischen einem Ford und einem Ferrari vor. Jetzt setzt man den Aufbau eines Dragsters auf den Ferrari und fügt noch etliche Pferdestärken hinzu. Im Gegensatz dazu bezieht sich die Harley-Davidson Motor Company beim Begriff »Custom« auf etwas, was von Fahrern tatsächlicher Custom-Bikes abfällig »Billet-Barkasse«* genannt wird. Manche sehen sicherlich ganz gut aus. Und sie sind individuell; aber nur insofern, dass eine gestrippte Serien-Harley ohne den angeschraubten Zierrat genauso aussieht wie jede andere. Darin liegt der Kern so vieler mit Chrom überhäufter Motorräder: Sie sind nicht customisiert, sondern personifiziert.

Der Autor/Fotograf Zimberoff (in der Mitte) und die Martin-Brüder. Tony Irvin

Jetzt betrachten wir das Wort Chopper. Als genauer Gegensatz zur Billet-Barkasse wurde es geprägt, um die Sorte Motorräder zu beschreiben, bei denen alle überflüssigen Teile abgebaut – oder »ge-chopped« – worden sind, um ihnen die gleichmäßigen sauberen und einfachen Linien zu geben, deren Ästhetik und historischen Wert ihre Fahrer mögen. Sie haben ein augenfälliges Harley-Erbe (also den V2-Motor, das rhythmische Poltern aus dem Auspuff, den Chrom und die typische Sitzhaltung), aber sie haben ihnen auch etwas voraus, das mehr Avantgarde als ein Ausdruck von Harleys Anfängen im Jahre 1903 ist.

Wir wollen hier nicht tief in die Geschichte der Chopper eintauchen, doch zuerst wurden sie weniger gebaut als aus Serienmaschinen zurückgebaut. Der Chopper-Stil ist technisch korrekt ausgedrückt das Ergebnis eines Subtraktions-Prozesses. Ein »Erbauer« eines Choppers strippt Maschinen, die für die Massenproduktion konstruiert wurden, wieder auf das Grundlegende zurück, steigert die Leistung, um sie schneller zu

Chrome Magnum. Alan Lee

Triumph. Tom Rad

machen – was natürlich gesellschaftlich inakzeptabel ist –, und fügt einige Innovationen sowie Verschönerungen hinzu, um jeden seiner Chopper einzigartig zu machen. Wenn alle Insignien der werksmäßigen Dekoration und gesetzeskonformen Anpassung entfernt sind (Zierrat, Instrumente, Reflektoren und Blinker), soll das Ergebnis die subjektive Vision einer Person reflektieren, die das mechanische Äquivalent zu einem durch sein Revier pirschenden wilden Tier darstellt.

Einst dachte ich, dass das Ende allen Motorradfahrens der Besitz einer Harley-Davidson wäre. Vor einem Jahrzehnt schien der Gedanke, eine Harley zu besitzen und zu fahren, für die meisten Leute eine radikale Sache zu sein. Der Beitrag der Harley-Davidson Motor Company scheint aber inzwischen der Kern der Motivation für industrielle Innovation zu sein. Der echte amerikanische Müßiggang klingt heute wie »Potato-Potato-Potato«. Der enorme Erfolg von Harley-Davidson in den letzten Jahren hat dazu geführt, dass knallharte Biker dem Mainstream der Gesellschaft plötzlich nahe stehen, den sie eigentlich nicht mögen. Motorradfahren ist fast wieder mehrheitsfähig geworden.

Dennoch erhielt das Wort Serie in meinem Vokabular unverzüglich eine völlig neue Bedeutung, nachdem ich meine erste Harley bekam. Diese neue und etwas abschätzige Bedeutung schlug sowohl in mein Bankkonto als auch in mein Ego eine mächtige Kerbe. Sowohl Trinker und Spieler als auch Fress- und Sexsüchtige finden Mitgefühl und Verständnis unter

ihresgleichen; aber der Besitzer einer Harley-Davidson ist dazu verurteilt, den anderen immer eine Nasenlänge voraus sein zu müssen. Der Kauf eines Harley-Davidson-Motorrades ist nicht viel mehr als die Anzahlung für diejenigen Teile, die man noch benötigt, um die Maschine einzigartig zu gestalten. Und der nächste Schritt weg vom reinen Personalisieren einer Harley ist der Bau oder Kauf eines Custom-Motorrades. Wenn man also erstmal bereit ist, bis ins oberste Regal zu greifen, wird es Zeit, einen Custom-Chopper-Bauer zu besuchen.

Obwohl es heute nach wie vor als cool durchginge, wird die Idee, ein Motorrad buchstäblich zu choppen, um ihm ein neues Aussehen zu geben, nur noch selten wahr gemacht, weil der reine Chopper-Stil heute weniger repräsentativ ist, als er es einst war. Die so genannte »alte Schule« schreibt sich gerade zur Weiterbildung ein. Vorhandene Serienmaschinen werden nicht mehr so stark modifiziert, wie man es eigentlich mit einem speziellen gechoppten Aussehen im Kopf hatte. Immer noch sind alle modernen Chopper Ableitungen von Choppern der alten Schule, die auf das klassische Harley-Davidson-Design aufbauen. Avantgardisten des Chopper-Stylings haben aber immer nach noch radikaleren Wegen geforscht, die Idee auszudrücken, nach der weniger tatsächlich mehr ist.

In Wirklichkeit ist jeder Chopper eine Art Motorhead-Haiku – seines Fahrers bester Ausdruck von Schönheit. Obwohl ihre

YHVH. Mike Brown

Aussage keinesfalls subtil ist, sind die besten Beispiele nichts als bewegliche Poesie. Schaut man sich die innovative Arbeit von Mike Brown aus Tennessee an, erkennt man den Einfluss, den seine Chopper haben. Ganz anders als seine Maschinen sind die von Tom Rad aus Minnesota, der so baut, als wäre die Zeit stehen geblieben. Irgendwo zwischen futuristisch und kurios liegt das, was ich gerne die »Art-Techno«-Arbeit nenne, die von Europäern wie dem Belgier Alan Lee vollbracht wird.

Chopper sind nicht zurückgekehrt – es gibt sie durchgehend seit mehr als 40 Jahren. Der einzige Unterschied liegt darin, dass die Medien sie wiederentdeckt haben. Ihre Popularität sowohl beim allgemeinen Publikum als auch bei den Fahrern schwankt, steigt und fällt – so wie die Länge von Röcken oder die Beliebtheit zweireihiger Anzüge. Der Chopper-Stil wird sich weiterhin in alle möglichen Richtungen entwickeln.

Laut Jason Martin unterstützt der Einfluss des Kabelfernsehens die Popularität der Chopper, da die Leute erst durch die Fernsehberichte verstehen, »dass sie beim Kauf eines Choppers von einem echten Chopper-Erbauer kein Motorrad kaufen. Sie kaufen ein Werk dieses Künstlers.« Martin glaubt, dass das Fernsehen einen Service für die Szene darstellt. So erklärt es erstmals einem großen Publikum nicht nur die Gründe dafür, einen Chopper zu besitzen, sondern es stellt auch dar, wie viel Zeit es braucht und wie viel es kostet, ein solches Gerät von Hand herzustellen.

Es gibt unzählige Mechaniker, die ein Motorrad zusammenschrauben können. Es gibt auch viele talentierte Erfinder und Lackierer. Aber von denjenigen, die diese ungleichen Zutaten kombinieren und einer einzigartigen Vision von Motorrad-Kunst unterordnen können, gibt es nur wenige. In diesem Buch kann man sie sich ansehen.

---

* »Billet« ist ein Aluminium-Block, der durch computergesteuerte Maschinen zu exakt passendem Zubehör oder Tuning-Teilen geformt sowie hochglanzpoliert wird. Oft wird dies mit verchromten Teilen verwechselt.

1 Mitch Bergeron

Der Nervenkitzel beim Zusammenbau

Als ein bescheidener Mann, der das Gewicht seiner Worte kennt, findet Mitch Bergeron es schwierig, über seine eigenen Motorräder zu reden. Er ist besessen von Qualität. Die Mühe, die in jedem Motorrad steckt, an das er Hand angelegt hat, verdeutlicht sich in den Details sowie in den klar und erkennbar zufrieden stellend zusammenarbeitenden Teilen. Er kreiert einen Rahmen so, dass die verschiedenen anderen daran und darin verbauten Komponenten harmonisch funktionieren können.

Bergeron durchstreifte öffentliche Bibliotheken und Buchläden auf der Suche nach auffallenden Grafiken, die ihm Inspiration geben sollten. Sogar in Kinderbüchern fand er welche. »Ich habe schon so viele Motorräder gebaut, dass ich mir vorher ein Bild davon machen kann, wie es am Ende aussehen wird«, sagt er. Dies schließt seine Fähigkeit ein, auch das vorherzusehen, was nicht gut aussehen wird, wenn ein Klient mit einer Wunschliste zu ihm kommt. Mitch lacht, wenn er daran denkt, wie manche Kunden angestrengt versuchen, ihn zu beeinflussen. »Normalerweise arbeite ich mit ihnen einen Spielplan aus«, sagt er. Wie jeder andere Erbauer ist er glücklich, wenn seine Kunden glücklich sind. Doch wenn er einigen bei ihren unerfahrenen Ratschlägen gefolgt wäre, hätte die Sache sicherlich mit einem recht plump aussehenden Motorrad geendet. Bergeron hasst es, unerwünschte Vorschläge darüber zu hören, ein bestimmtes Teil oder eine Technik einzusetzen, nur weil jemand dies im Fernsehen oder einer Zeitschrift gesehen hat; also versucht er, die Kunden dazu zu überreden, ihn die Dinge auf seine Weise erledigen zu lassen.

»Nachdem ich eine Maschine beendet habe, will ich sie hier nicht mehr sehen«, sagt Bergeron, der nur wenig Sentimentalität für seine Kreationen aufbringt. »Es ist nur eine mechanische Sache. Ich langweile mich schnell daran. Ich stecke viel Zeit und Mühe hinein, um sie einzigartig zu machen, aber wenn sie fertig ist, ist es vorbei.«

Wie vielen Erbauern bleibt Bergeron neben seiner Arbeit wenig Zeit zum Fahren. »Ich mag den Nervenkitzel beim Zusammenbau. Das ist mein Ding.« Er schätzt das Motto

»Live To Ride, Ride To Live« der Biker und ihre Bindung an die Cowboy-ähnliche Freiheit hoch ein. »Es klingt total abgedroschen, aber ich denke, dass ein echter Biker ein Cowboy ist.«

Gefragt, wessen Arbeit er am meisten bewundere, sagt er: »Wenn ich beide Arme verlieren würde und mir keine eigene Maschine mehr bauen könnte, würde ich zu Exile Cycles gehen. Ich mag ihren Stil; er ist sauber und vereinfacht. Auch Billy Lane wäre so einer.«

Auf die Frage, ob ein großartiges Motorrad aus einem Teilekatalog zusammengebaut werden könne, erwidert Bergeron: »Ich glaube nicht wirklich daran, denn dann könnte es jeder tun. Wenn ein Mensch aber ein gutes Auge hat, kann er sich eine wirklich hübsche Maschine bauen. Ich gebe zu, dass dies durchaus möglich wäre.«

Bergeron selbst begann in den 1990er-Jahren mit dem professionellen Bau von Choppern, als noch genug Geld zum Verschwenden da war. Nach einer Reihe von Anstellungen in anderen Motorradläden eröffnete er 1995 in Montreal, Quebec sein eigenes Geschäft. Er spezialisierte sich darauf, Custom-Fahrgestelle und Blechteile zu kreieren. Zu dieser Zeit begann er die Zusammenarbeit mit dem berühmten Lackierer Martin Bouchard, bekannt als »Fitto«. Die von den beiden erschaffenen Motorräder gewannen jede Menge Preise.

Die vor seinem Einstieg ins Geschäft von ihm gebauten Motorräder, so erinnert er sich, waren »Fantasie-Maschinen, bei denen fast alles abgedeckt und versteckt war. Es sorgte echt für Rückenschmerzen, wenn irgendein mechanisches Problem vorlag, denn man musste erst zwanzig Verkleidungen abschrauben, um irgendwo ranzukommen.« Als er mit dem Bau eigener Maschinen begann, fühlte er sich zu den Choppern hingezogen, die in Skandinavien populär waren.

Der Rahmen des Motorrades ist für Bergeron das wichtigste Teil. »Ich mag Einzelanfertigungen«, sagt er. »Ob es ein Chopper-Rahmen oder ein Low-Digger werden soll – ich will einen neutralen Rahmen, um den ich das Motorrad herum bauen kann.« Die heute von ihm angefertigten Rahmen sind schlicht und sauber genug, so-dass sie kein Bike stilistisch überwältigen.

Wie die meisten Erbauer findet Bergeron es leicht, die Arbeiten anderer Chopper-Schöpfer zu identifizieren; jeder hat mindestens ein Erkennungszeichen. Im Besonderen erkennt er ihre Arbeit durch die Formen ihrer Bleche und wie sie letzte Hand angelegt haben. Seltsamerweise kann er den speziellen Stil seiner eigenen Arbeit nicht genau fassen. »Ich sehe bei mir keinen eigenen Stil«, sagt er. Er glaubt, dass er seinen Stil noch festlegen muss. »Ich ver-suche noch, ihn ständig zu wechseln. Das ist sehr geschäfts-schädigend, aber ich hasse es wirklich, die gleiche Sache mehrmals zu tun.«

Bergeron hatte bereits an seinem 16. Geburtstag den Motorrad-führerschein in der Tasche – im kanadischen Alberta war dies mög-lich. Kurz danach kaufte er sich sein erstes Schrott-Motorrad mit 100 ccm Hubraum. Auch hatte er bereits begonnen, das Magazin *Easyrider* zu lesen. »Mutter mochte es nicht, denn die darin abgebildeten Maschinen waren immer mit halbnackten Schönheiten drapiert«, erinnert er sich. Irgendwie brachte er die kleine 100er zum Laufen. Er baute einen Unfall und reparierte sie wieder. Später kaufte er ein größeres Motorrad, und schließlich besorgte er sich eine Harley Sportster.

Kürzlich zog Mitch Bergeron von Montreal, wo er sein Geschäft gründete, in die Vereinigten Staaten. In Quebec ein solches Geschäft durchzuziehen, war zu einer schwierigen Sache geworden. In der Provinz Quebec wird laut Bergeron nichts für die Straße zugelassen, was einen flacheren Lenkkopfwinkel als 35° hat. »Ich konnte grundsätzlich keines meiner Motorräder auf der Straße fahren«, sagt Mitch. Jedes Custom-Motorrad wird von den kanadischen Behörden genau vermessen, bevor es zugelassen

werden kann. Einmal fiel Mitchs Motorrad durch die Prüfung, weil es verchromte Lenkergriffe hatte! Wenn das zuzulassende Motorrad nicht dem Foto einer Serien-Harley entsprach, das die Bürokraten zum Vergleich heranzogen, fiel es durch. »Wenn du die Registrierung einer Custom-Maschine erfolgreich hinter dich gebracht hast, gilt es noch, eine riesige Versicherungs-Hürde zu überspringen. Man kann ein Motorrad einfach nicht entsprechend seines Wertes versichern.«

Mitch und seine Frau packten ihre Werkstatt-Ausrüstung zusammen, und sie fuhren nach Kalifornien, wo sie nahe Palm Springs ein neues Geschäft eröffneten. Jetzt, wo er sein Handwerk im Motorrad-Mekka praktiziert, hat Mitch Bergeron keine Probleme mehr, seine wilden Chopper zuzulassen.

Thor

2 Roger Bourget

Länger, flacher, schlanker und bösartiger

Roger Bourget hat eine sehr genaue Vorstellung davon, was einen Chopper ausmacht. »Für mich ist ein Chopper ein Motorrad, das über seine ursprüngliche Länge hinaus gestreckt wurde. Sein Lenkkopf muss mindestens zehn Zentimeter über der Serien-Höhe liegen. Und der Lenkkopfwinkel muss mindestens 42° betragen.«

»Jeder achtet auf etwas anderes«, sagt Bourget, »etwas, mit dem er sich von der Masse abheben kann. Die Kerle der alten Schule kappten den Rahmen und zogen die Front weit heraus, nur um Aufmerksamkeit auf sich zu ziehen. Im Grunde ist das die ganze Idee.«

Zwei anschauliche Faktoren heben Bourgets Chopper-Design von anderen ab. Der Erste ist, dass Bourgets Rahmen alle lebenswichtigen Betriebsflüssigkeiten beinhalten. Weil seine patentierten Fahrgestelle aus Rohren gefertigt werden, die dicker als üblich sind, können sie das zum Schmieren und Kühlen notwendige Öl aufnehmen. Somit erübrigt sich ein separater Öltank unter der Sitzbank.

Diese Oil-in-Frame-Konstruktion gibt Bourgets Choppern ihr zweites charakteristisches Merkmal. Die Abwesenheit eines Ölbehälters erlaubt das Absenken des Sitzes auf eine noch nie da gewesene Tiefe, bei der man mit dem Hintern schon fast auf der Straße sitzt.

Neben der Idee mit dem flachen Sitz und dem im Rahmen zirkulierenden Öl war Bourget auch einer der Ersten, die hinten einen dicken Reifen aufzogen, sodass der rückwärtige Verkehr den Eindruck hatte, dass vor ihm jemand auf einem einzelnen dicken Reifen die Straße entlangfuhr. Bereits im Jahre 1991 baute er Chopper-Rahmen, die Autoreifen einer Corvette oder Viper aufnehmen konnten.

Dieses fundamentale Design aller von Bourget gebauten Motorräder stammt von einem zufälligen Umstand ab: der Statur seiner Frau Brigitte. Roger wollte ihr das Motorradfahren beibringen. Bei nur 1,60 Meter Größe hatte sie es schwer, bei einer typischen

Harley die Füße an den Boden zu bekommen. Als bei Harley-Davidson das neue Dyna-Fahrwerk herauskam, begannen sich in Rogers Kopf die Zahnräder zu drehen. Diese Konstruktion erlaubte es, den Ölbehälter unterhalb des Getriebes zu verlegen, sodass Platz vorhanden war, den Rahmen so zu bearbeiten, dass der Sitz tiefer gelegt werden konnte.

Bourget baute seine ersten beiden Projekte in den frühen 1980er-Jahren in seiner Garage. Beide hatten breite Reifen und wurden in Zeitschriften vorgestellt. Er erkannte bald, dass er Motorräder sowohl konstruieren als auch bauen konnte. Nachdem der Besitzer der Harley-Werkstatt, in der Roger arbeitete, ihn in die CNC-gesteuerte Bearbeitungstechnik eingeführt hatte, schloss Bourget sich ein, las die Handbücher und brachte sich selbst das Programmieren der nötigen Computer-Software bei, mit der er Räder, vorverlegte Fußrasten und Gabelbrücken herstellen konnte. Als er das Potenzial dieser Technologie erkannt hatte, wusste er, dass er für den Rest seines Lebens Motorräder bauen wollte. Damit dies auch lukrativ werden würde, war ihm klar, dass er auch seine eigenen Komponenten konstruieren musste, die er dann mit der CNC-Technik fertigen konnte.

Seine erste Harley, eine 1984er Softail, die er noch im Herbst 1983 kaufte, veränderte ihn. »Ich begann, in die Kultur und die Art, wie Motorräder aussahen, einzusteigen. Ich begann mir anzusehen, was Ness und Simms taten – und tatsächlich hatte Pat Kennedy einen ziemlich großen Einfluss auf mich.«

Roger sagt, dass er die Sorte Motorrad bauen wollte, die man sogar in Sturgis parken und auf Anhieb wiederfinden würde. Doch das Fahren auf dem ersten von ihm gebauten Chopper war sehr nervenaufreibend. Er vergleicht es mit den Erfahrungen der ersten Flugpioniere. Sie waren von ihrer Arbeit überzeugt, aber sie wussten nicht genau, wie sie sich in der Luft halten konnten.

Obwohl er kein Motoren-Mann ist, kann Roger im Notfall einen zusammenbauen; seine Stärke ist jedoch immer das Design gewesen. Bourgets individuell angefertigten Maschinen liegen in der Preisklasse zwischen 60 000 und 80 000 Dollar. »Viele Leute ziehen es immer noch vor, mit Hardtails zu fahren«, sagt Bourget. »Wenn alle die Sorte Straßen hätten wie wir hier in Arizona oder Florida, denke ich, dass jeder ein Hardtail fahren würde. Das ist meine Meinung. Das Motorrad sieht so besser aus, ist flacher und aufgeräumter.«

Roger glaubt, dass Leute, die Motorrad – und besonders Chopper – fahren, ein Risiko auf sich nehmen – aber nicht sorglos sind. Es ist eine Frage der Wahl, das Leben voll auszukosten, ohne den Tod zu verspotten. Und wenn du fährst, musst du verdammt gut aufpassen, um dies hinzukriegen! Roger fährt zur Entspannung, doch sein Arbeitsplan macht es schwer, an organisierten Gruppenfahrten teilnehmen zu können. So sind seine Ausflüge immer spontan improvisiert.

Bourget hat viel Aufmerksamkeit durch das Fernsehen erhalten, das er sowohl als Segnung als auch als Herausforderung betrachtet. Die Popularität ist gut fürs Geschäft, aber den Kameras etwas zu bieten, erfordert Zeit, Personal und den Einsatz der Familie. »Ich lege einfach keinen großen Wert darauf, wenn die Medien rein zu Unterhaltungszwecken eine Menge über uns bringen, nur weil wir wie professionelle Außenseiter aussehen.«

Trotz der aktuellen Popularität der Chopper ist sich Bourget nicht sicher, welche Trends zu diesem Thema anstehen – irgendwie ist er sogar etwas pessimistisch, was ihre Überlebensfähigkeit betrifft – nicht als Form eines künstlerischen Ausdrucks, sondern als wirtschaftlichen Faktor. Er weiß nicht, ob die Geschäfte die aktuelle Nachfrage und Popularität bei Choppern aufrechterhalten können, weil es in den USA immer schwieriger wird, solche Maschinen zu versichern. Dies macht es schwierig für die Hersteller und die Händler, sie zu verkaufen. Es wird auch immer komplizierter, die Zulassungsbestimmungen einzuhalten. Bourget sorgt sich darum, wie lange die Regierung ihn Motorräder auf seine Art bauen lassen wird.

Gefragt, ob er eine Maschine eines anderen Erbauers kaufen würde, sagt Bourget: »Ich denke, dass ich vermutlich ein Motorrad von Pat Kennedy kaufen würde, wirklich. Ich habe noch mit niemandem darüber gesprochen, aber ich mag sein Styling; seine Alien-Maschine, und die Sachen, die er früher gemacht hat. Die sind immer noch cool. Ich schätze auch die Tatsache, dass er keine zwei gleichen Maschinen baut. In meiner jetzigen Lage würde ich etwas kaufen, das hübsch und einmalig wäre.«

Roger Bourgets persönliches Aussehen ist genauso charakteristisch wie das seiner Chopper. Nach einer langen Fahrt vor ein paar Jahren waren seine schulterlangen Locken schrecklich verknotet. Nachdem Brigitte ohne Erfolg versucht hatte, sie zu kämmen, gab es nur noch die Möglichkeit, sie abzuschneiden. Sie wurden kürzer und kürzer, und schließlich wurde er rasiert. Eine Zeit lang trug er totale Glatze, doch er mochte die Vollrasur nicht, weil er keine Lust hatte, ständig mit einem Sonnenhut herumzulaufen. Also entschloss er sich, einige Haare gegen die Sonne stehen zu lassen. Die Leute sagten ihm, es würde ihm gut stehen – und er stimmte zu. So ist sein neues Aussehen entstanden. Heute ist die Mohawk-Mähne ebenso sein Markenzeichen wie seine einzigartigen Chopper.

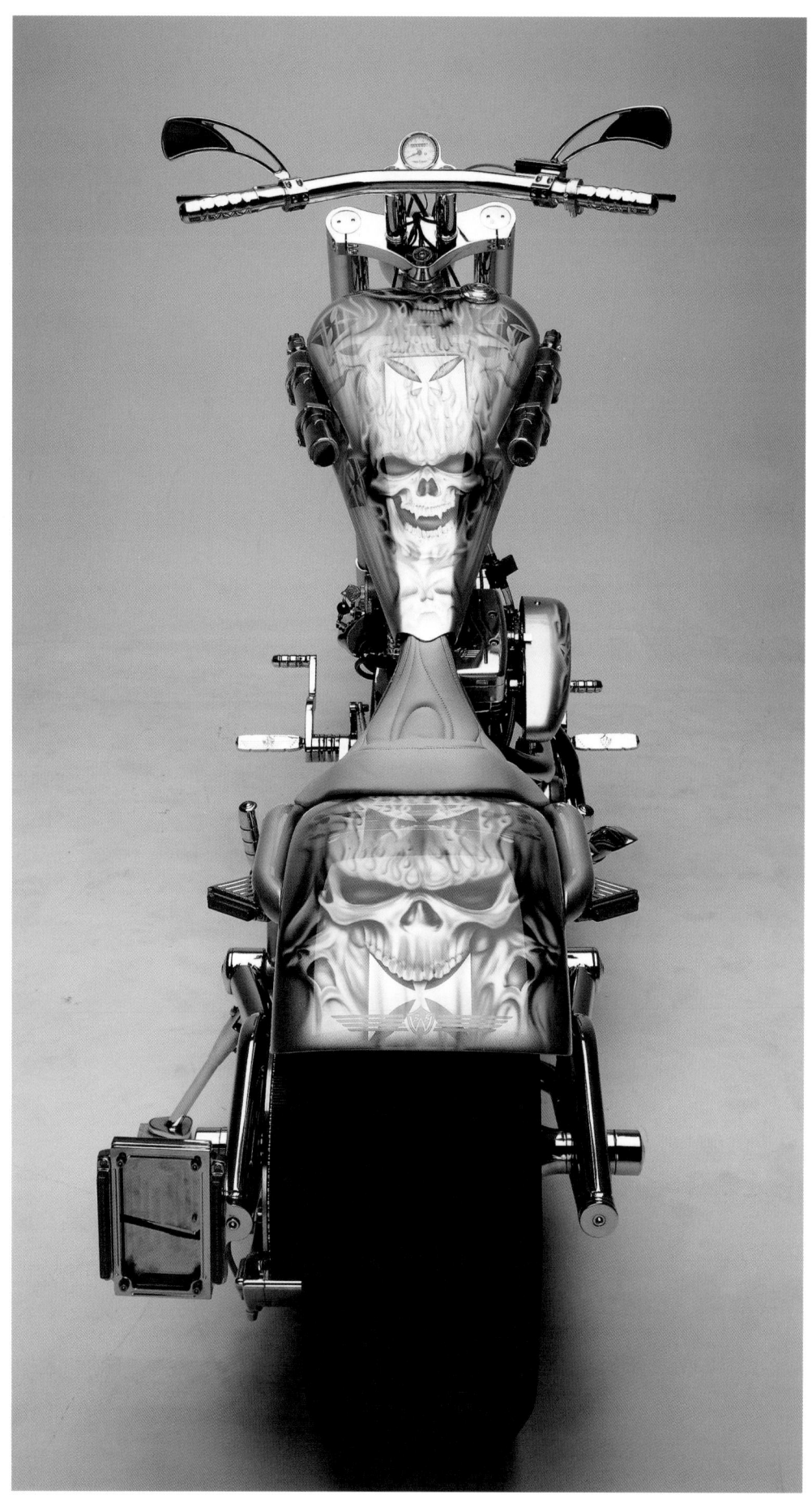

3 Chica

Alte Schule der Coolheit

D ie Polizei in Huntington Beach, Kalifornien, mag keine lauten Motorräder.
Tatsächlich mag sie überhaupt keine Custom-Motorräder. Modifikationen, die
die strengen Zulassungsgesetze verletzen, können schnell dafür sorgen, dass ein
Motorrad an den Haken kommt. Die Polizei muss viel zu tun haben, denn diese Gemein-
de ist die Heimat von Yasuyoshi Chikazawa – »Chica«, wie er in der ganzen Welt bekannt
ist, dem Erbauer von einigen der heftigsten Chopper Amerikas.

Wie ein japanischer James Dean kultiviert Chica den Stil der 1950er-Jahre – bis hin
zur Pomaden-Frisur, hochgezogenem Kragen und sogar den ständig locker zwischen
seinen Lippen hängenden Zigaretten. Die in seinem Laden laufende Musik geht allerdings
etwas in Richtung Punk – das Einzige, was nicht zum damaligen Zeitgeschmack passt.

Nachdem ein Freund den damals noch sehr jungen Chica sein Motorrad durch Osaka
fahren ließ, wurde dieser unverzüglich vom Motorradfieber erfasst. Er begann, alte Aus-
gaben von Easyrider zu verschlingen, sobald er sie in die Hand bekam. Die frühen
Maschinen von Arlen Ness hatten den größten Einfluss auf Chica. Schließlich besorgte
er sich eine gebrauchte Harley-Davidson FXE, dem zu jener Zeit billigsten Big-Twin, den
man in Japan kriegen konnte – doch sein Herz schlug eigentlich für eine Low-Rider. »Für
mich waren es zu jener Zeit der Name, die Form und der Stil, der sie von jeder anderen
Harley unterschied.« Harley-Teile waren in Japan unerschwinglich – genauso wie Werk-
stattstunden. Du musstest entweder reich sein, oder lernen, wie du deine Harley selbst
am Laufen halten konntest. Dann konnte man gleich lernen, wie man Teile herstellen und
montieren konnte. Chica kontrollierte seine Harley-Manie dadurch, dass er als
Mechaniker in einer Honda-Werkstatt arbeitete.

Im Jahre 1990 verließ er den Honda-Laden und ging zu einem unabhängigen Harley-Händler in Kioto. Dort blieb er zwei Jahre, bis er entschied, dass er jetzt einen eigenen Laden eröffnen könne.

Zu dieser Zeit träumte er bereits davon, in die USA auszuwandern. Freunde hatten ihm erzählt, dass man dort mit Motorrädern alles machen konnte – ohne irgendwelche Regeln! In Japan konnte er seine Vorstellungen nicht recht entfalten, da die Ersatzteilpreise hier zwei- oder dreimal so hoch waren wie in Amerika. 1997 nahm Chica ein Jobangebot eines Motorradhändlers aus Kalifornien an. Bald nach der Ankunft im gelobten Land, wo Milch und Motoröl fließen, begann er eigene Custom-Motorräder zu bauen.

Obwohl Chica bereits sechs Jahre in den Vereinigten Staaten lebt, geht sein Englisch-Vokabular nicht weit über umgangssprachliche Ausdrücke und die Bezeichnungen von Motorradteilen hinaus. Dafür sprechen Chicas Chopper für ihn. Mithilfe seiner Mannschaft baut er Chopper, als wäre die Zeit seit den 1950er-Jahren stehen geblieben. Es scheint, als würden Chica und seine Crew ganz von vorne anfangen, als wären sie gar nicht vom starken Einfluss der Chopper aus den 1960er- und 1970er-Jahren berührt worden. Sie haben dort begonnen, wo die Bobber aufhörten – so, als ob sie ihr eigenes Fundament für die Evolution der Chopper legen wollten. In ihrer Vorstellung stehen die »Goldenen Jahre der Chopper« erst noch bevor. Sie wollen alles von vorne erfinden.

Gefragt, ob sein Geschäft durch die ungünstige Wirtschaftslage gelitten habe, entgegnet Chica: »Jedes Geschäft ist ein Plus.« Er wird diese Sichtweise wohl für immer behalten, weil »ich nicht bei Null begann, sondern im Minus«.

Chica hat einen ungewöhnlichen Baustil. Er benutzt keine Hebebühne; er hat noch nicht einmal eine. Nachdem die vorbereitenden Grundrisse fertig und alle Teile vorhanden sind, werden diese um den Rahmen herum auf den Boden seiner kleinen, voll gestopften Garage gelegt.

Was Chica an Motorrädern am meisten reizt, sind die Motoren. Gefragt warum, antwortet er: »Total cool!« Chica betrachtet den Motor als den essenziellen, künstlerischen Teil eines Motorrades. Er arbeitet immer exklusiv mit klassischen Motoren und verwendet keine Nachbauteile – nur das Echte zählt. Mit einem modernen Motor weiß er kaum etwas anzufangen – sie sprechen ihn nicht an. Der Charakter eines Motors weist ihn auf die kreative Richtung hin, der er folgen muss. Ältere Motoren haben weniger Hubraum und Leistung, aber sie haben einen Charakter, der den modernen Aggregaten fehlt.

Chica baut Motorräder, die aus seiner persönlichen Lebenserfahrung stammen. Seine Chopper sind wunderbare Widersprüche. Sie sind schnell, aufgeräumt und cool – aber in einer rückwärts gerichteten Weise. Manche Leute finden seine Maschinen bedrohlich. Doch er sagt ihnen, sie würden gar nicht in der Lage sein, alles aus den Motoren herauszuholen. Er fragt rhetorisch, warum Leute überhaupt Custom-Motorräder fahren wollen. Seine Antwort: »Sie reisen nicht, sie fahren nicht zur Arbeit. Der Hauptgrund ist, dass das Fahren eines Custom-Bikes eine Menge Spaß macht.«

Chica versetzt sich mit Geist und Seele in jedes Motorrad, und er ist denjenigen dankbar, die ihn für seine Arbeit loben. Jedesmal, wenn er für sich selbst eine Maschine aufbaut, will sie irgendjemand kaufen. Und weil er auch etwas zum Leben braucht, kann er ein anständiges Angebot nur schwerlich ablehnen. Üblicherweise liegt das einzige Motorrad, das er zur jeweiligen Zeit besitzt, in Teile zerlegt in seiner Garage. Doch Chica sagt, er fühle sich meistens geschmeichelt – »meist sogar glücklich« –, wenn ein Motorrad, das er für sich selbst gebaut hat, das also eine Widerspiegelung seiner eigenen Person darstellt, von jemandem begehrt wird, der ihm wahrscheinlich nicht ganz entspricht. Dies bedeutet, dass er ein Teil von ihm besitzen will.

Chica hat bis jetzt erst etwa 30 Maschinen gebaut, sodass sie noch recht selten sind. Es würde ihn nicht erschrecken, wenn sie einmal in einem Museum als Kunstwerk ausgestellt würden, aber er würde sie lieber auf der Straße fahren sehen. Wie ihm andere Chopper-Erbauer zustimmen werden, ist das Fahren auch ein Teil der Chopper-Kunst.

Die Bauteile eines großartigen Motorrades finden sich in der Teilekiste jedes Menschen, der eines bauen will. Die wesentlichen Zutaten bleiben immer die gleichen: Räder, Bremsen, Motor und Getriebe. Alles sieht ziemlich gleich aus. Aber laut Chica ist das, was ein kunstvoll gefertigtes großartiges Motorrad von einem ordinären Motorrad unterscheidet, die Ausgewogenheit. »Das Gleichgewicht in einem Custom-Motorrad – ich denke dabei an die Ausgewogenheit eines menschlichen Gesichts oder Körpers.« Symmetrie, Anmut, Einzigartigkeit, Schönheit: Ausgewogenheit eben.

Rumbler

4 Jerry Covington

Der Größte der Stadt

Niemand rechnet damit, einen Platz wie Covingtons Cycle City in einer kleinen, vom Wind zerzausten Stadt namens Woodward zu finden, die in der nordwestlichen Ecke von Oklahoma liegt. Nichtsdestotrotz dominiert auf Woodwards Hauptstraße eine von vielen als Heiligtum verehrte feuerspuckende Maschine: der Chopper. Seit Jerry Covington seinen Shop 1993 eröffnet hat, haben viele Jünger großartiger Motorräder eine Pilgerfahrt nach Woodward unternommen.

Covington liebt es, Chopper zu bauen – ein Genre von Motorrädern, das er in drei Worten zusammenfasst: »Weniger ist mehr. Du baust alles ab, was du nicht brauchst, und lässt nur das dran, was zum Fahren nötig ist.«

»Ich begann in den frühen 1970ern mit dem Bau von Choppern«, erinnert sich Jerry Covington. »Meine ersten Motorräder mussten alle eine lange Springer-Gabel und ein starres Heck haben. Ich war der Meinung, dass ein Chopper nur so aussehen könnte. Ich ging zur Firma Denvers Chopper in Riverside und hing dort herum. Irgendwie wurde dies der Chopper-Laden, bei dem ich hängen blieb. Sie machten so etwas, was sie zu jener Zeit ›San Francisco Low-Rider‹ nannten – ein wirklich flaches und gestrecktes Motorrad. Das ist der Chopper, den ich vor Augen habe.«

Als Covington 16 Jahre alt wurde, tauschte er ein Hot-Rod-Car gegen seine erste gebrauchte Harley ein. Und als er 18 war, hatte er seinen ersten Chopper fertig. Er war schwarz, reichlich verchromt, und er trug eine Springer-Gabel an einem Starrrahmen. Er wurde auch sein erstes Wrack. Als er eines Morgens auf dem Weg zur Arbeit war, beschloss eine auf der Gegenfahrbahn stehende etwa 50 Jahre ältere Frau links abzubiegen – und kollidierte frontal mit Jerry. Er brach sich beide Hüftgelenke und war für dreieinhalb Monate aus dem Verkehr gezogen.

Während er im Krankenhaus lag, dachte er über die Versicherungssumme nach, die er für sein Motorrad bekommen würde. Und nachdem man ihn entlassen hatte, ging er – noch auf Krücken – direkt zum Harley-Händler und kaufte sich eine nagelneue 1977er Super Glide. Mit dieser wurde es ihm bald langweilig, also tauschte er sie gegen ein älteres Motorrad ein, das die Basis für seinen nächsten Chopper bilden sollte.

Für seinen Broterwerb begann er mit dem Bau von Custom-Cars, doch immer wieder entstand auch ein Motorrad, um seine Chopper-Sucht zu befriedigen. Im Jahre 1992 hatte er genug von Kalifornien und zog mit seinem Gewerbe nach Oklahoma. Dort hatte Jerry vor, weiterhin Custom-Autos zu bauen, doch er wurde abgelenkt. Er hatte sich einen neuen Chopper zum Fahren gebaut, und sobald sich die Sonne das erste Mal auf dessen Chromteilen spiegelte, bekam er von jemandem ein Kaufangebot. Dies wurde schnell zur Routine. Er fing an, ein Motorrad nach dem anderen zu bauen. Ein Jahr ging vorüber, und nachdem er das Potenzial dieses Marktes erkannt hatte, entschied er, den Bau von Choppern vom Hobby zum Geschäft zu machen. So entstand Covingtons Cycle City.

»Ich muss ehrlich sagen – wenn ich nicht meine eigenen Chopper gebaut hätte, hätte ich einen von jemand anderem kaufen müssen, wahrscheinlich von Eddie Trotta. Unsere Stilrichtungen unterscheiden sich stark, das sieht jeder. Aber wir haben viele gemeinsame Ideen.«

Zu seinen eigenen Ideen, seinem eigenen Ausdruck der Chopper-Kunst, gehört, dass Covington kein Metall an ein Fahrwerk hängen mag, um ein unansehnliches Detail zu verdecken. Jerry glaubt, dass jedes Einzelteil zählt, ob es nun gut sichtbar ist oder nicht. »Ich will, dass mein Motorrad von unten genauso gut aussieht wie von oben. Ich mache mir auch keine Sorgen, wenn du die Batterie anhebst oder den Sitz entfernst – auch darunter sollte alles detailgetreu sein.« Er will, dass die Leute das Handwerk erkennen, das in seinen Motorrädern steckt.

Covington achtet genau darauf, dass die fließenden Linien eines Choppers von vorne bis hinten durchgehend sind. »Du willst keinen Tank, der zu weit nach vorne gekippt ist, weil dadurch ein Bruch entsteht«, sagt er. »Wir wollen keine Teile anbauen, die so aussehen, als würden sie dort nicht hingehören.« Wenn er irgendwo am Motorrad eine Diamanten-Form oder irgendein anderes Thema ausführt, wird dieses durch das gesamte Design hindurchgezogen. Kein Teil ist grundlos verbaut.

Auf die Frage, ob er sich selbst als Künstler bezeichnen würde, antwortet Covington: »Definitiv ja. So wie ein Gemälde kreiert, skizziert und koloriert wird, geschieht es auch bei mir, nur dass wir es hier in Metall anfertigen. Wenn unsere Motorräder keine Kunstwerke wären, würde ich mich fragen, warum sie so aussehen.«

Doch obwohl er seine Chopper als Kunst bezeichnet, bedeutet dies nicht, dass er sie nicht hart rannimmt. »Es gibt einen Unterschied zwischen dem Missbrauch eines Choppers und einem heftigen Einsatz«, sagt Jerry. Covingtons Maschinen sind dazu gebaut, gefahren zu werden. Er will kein Motorrad nur für die Show konstruieren. »Du kannst genauso ein Bild eines Motorrades anfertigen, wenn du es so machst, dass es unfahrbar ist.«

Covington baut viele, aber nicht alle Motorräder mit 124 Kubik-Inch-Motoren (2031 ccm). »Du kannst einen großen, fahrbaren, beherrschbaren Motor verwenden, solange du nicht zu sehr außer Kontrolle gerätst«, sagt er. »Sie bringen mehr Leistung, wenn du sie heftig drehst, aber wenn du mit ihnen nur locker herumfährst, sind sie sehr gut. Ich denke, dass man mit einem solchen Gerät eine gewisse Strecke fahren muss. Alle wollen nur große Zahlen. Ehrlich gesagt, nutzen sie wahrscheinlich nicht einmal 80 Prozent ihres Motors. Es reicht ihnen, die Leistung zu haben, wenn sie sie brauchen. Ein kleinerer Motor hat heute ja auch schon 107 Kubik-Inch (1754 ccm) Hubraum.«

Jerry Covingtons größter Spaß ist das Beobachten von Kunden, die mit ihrem neuen Chopper zum ersten Mal seinen Laden verlassen. »Diese Kerle sind wie Pfauen.« Doch Cycle City hat auch einige interessante Kunden gesehen, die ihre Motorräder entgegennahmen. »Einige Leute gehen so darauf zu, dass du wirklich die Luft anhältst«, sagt Covington. Einmal kam einer, um sein neues Motorrad abzuholen. Er war zuvor kaum Motorrad gefahren. Der Motor war noch nicht eingefahren. Der Kerl sprang drauf und überholte noch vor dem Laden fünf Autos mit 130 km/h, wo nur 65 erlaubt waren. »Wo bleibt die Polizei?«, wunderte sich Jerry. »Normalerweise sind sie immer in der Gegend.« Er gab dem Kerl seine Quittung, und dann fuhr dieser schon davon. Jerry weiß, dass die Maschine samt Motor schnell verschlissen sind. »Oh ja, es tut weh, wenn sie weg sind. Ich will sie aber nicht wiedersehen, um sie reparieren zu müssen.«

Zum Platz der Chopper im großen Spektrum der Motorrad-Kultur sagt Jerry: »Einige von uns werden niemals damit aufhören, Chopper zu fahren. Ich glaube nicht, dass sie jemals verschwinden werden – nicht alle. Vor Jahren sagte mir einer, dass wenn man Customs – echte Custom-Bikes – baut, man immer etwas zu tun hätte, denn ein Kerl, der schon alles hat, will nichts besitzen, was er einfach so kaufen kann.«

Soweit es Covington betrifft, kann es kein Custom-Bike geben – erst recht keinen Chopper –, solange es nur Custom-Teile trägt. »Ein Custom-Bike muss sich von einer zusammengeschraubten Maschine unterscheiden. Oh ja, es muss sogar mehr sein als eine gute Lackierung.«

5 Matt Hotch

Mister Clean

Einer der profiliertesten Erneuerer der Motorradszene ist verantwortlich für einige der fantastischsten Custom-Chopper dieses Planeten: Matt Hotch. Seine dunklen und aufmerksamen Augen spiegeln die Einflüsse seiner tschechischen und vietnamesischen Herkunft wider. Der lange schwarze Zopf hängt bis zur Taille herunter, und im Stil seiner Generation hat er sich einen Nasenring eingezogen – doch seine sanft formulierte Sprache wird nur selten von unnötigen Füllworten unterbrochen. Er gibt zu, gelegentlich ein paar Flaschen Bier zu leeren, aber bevorzugt trinkt er Cola. Er hat das Rauchen aufgegeben, doch früher hat er vier Schachteln Zigaretten pro Tag gebraucht.

Matt hat noch nicht einmal ein eigenes Motorrad. »Wenn ich zu viel Zeit mit dem Fahren verbringe«, beklagt er, »ist alles vorbei. Dann kann ich das Geschäft schließen!« Zumindest kann er zurzeit auf eine seiner letzten Kreationen hüpfen, um eine kurze Testfahrt zu unternehmen. Bevor er einem neuen Motorrad seinen endgültigen Genehmigungs-Stempel aufdrückt, fährt Matt die Maschine immer nach Hause, um sie seiner Frau zu zeigen.

Matts Mutter besucht ihren Sohn oft bei der Arbeit. Dort ist sie für alle »Mama Hotch«, obwohl ihr vietnamesischer Name Twee lautet. Sie ist eine zierliche Frau mit einer starken Persönlichkeit, die es liebt, die Motorräder ihres Sohnes zu fotografieren.

Hotch lehnt es ab, an übertriebenen TV-Shows teilzunehmen, wie sie auf manchen Kabelkanälen gezeigt werden, auch folgt er dem Reklamezirkus nicht zu Orten wie Sturgis oder Daytona-Beach. Er glaubt, dass die Kosten dafür zu hoch seien. Fernsehproduzenten entschädigen einen Erbauer nicht für Teile und die hineingesteckte Zeit, und persönliche Anwesenheit hält ihn nur von der Arbeit an Motorrädern ab. Er besucht ausschließlich Industriemessen, um den Händlern seine unter der Marke »Hot Match« produzierten Lenker, Tankdeckel, Seitenständer und Krümmerrohre zu zeigen.

Wenn es um seinen Anspruch als Konstrukteur geht, ist Matt Hotch »Mister Clean«, doch dies bedeutet nicht, dass seine Arbeit steril ist; sie wimmelt voller ansteckender Gestaltungs-Ideen. Die saubere Linienführung bezieht sich auf seine moderne Montagetechnik. So verlegt Hotch Schalter, Kabel und Leitungen immer so, dass sie unsichtbar bleiben. Wenn man sich einen Hot Match-Chopper genau ansieht, mag man zweifeln, dass er überhaupt läuft, weil keine Bedienungselemente zu sehen sind. So ist Matts spezieller Zündschalter nahezu unauffindbar. Er liegt versteckt unter dem Sitz, aber dieser braucht zum Starten des Motors nicht abgenommen zu werden. Man muss nur wissen, wo man mit dem Daumen drücken muss.

Auch wenn selbst die trickreichsten Hot Match-Bikes für den harten Alltagsgebrauch gebaut sind, werden uneingeweihte Mechaniker Schwierigkeiten haben, beispielsweise für eine Routine-Inspektion eine Bremsleitung zu finden – geschweige denn, sie zu erreichen. Eine seiner Maschinen hat den komplexesten Rückspiegel, der jemals an einem Motorrad gesehen wurde: In der Nähe der Hinterachse ist an der Schwinge eine kleine Digitalkamera montiert, die mittels eines innerhalb des Rahmens verlegten Kabels mit dem bündig im Tank versenkten LCD-Bildschirm verbunden ist. »Kunden, die solche Motorräder fahren wollen, sind ihr Leben lang mit mir verheiratet«, lacht Matt.

Laut Hotch ist ein Chopper »grundsätzlich ein Motorrad, das gestaltet ist, um das Selbstverständnis seines Besitzers widerzuspiegeln.« Matt baut sie auf verschiedene Weisen. »Ich bin sehr glücklich, in der Lage zu sein, ein Motorrad im Kopf bauen zu können. Meine technischen Fähigkeiten habe ich mir selbst beigebracht. Wenn ich ein Kabel oder eine Leitung verlegen will, stelle ich mir exakt vor, wo es entlangführen muss. Wenn ich ein Loch bohre, will ich die Linie nicht unterbrechen. Es ist nie ein nachträglicher Einfall.

»Motorrad-Erbauer gibt es heute in Massen«, warnt Matt. »Aber was die Top-Leute vom Rest trennt, ist die Tatsache, dass sie nie das Design irgendeines anderen übernehmen und etwas daran herumzwicken. Sie sind innovativ. Man kann ein Motorrad aus einem Katalog bauen. Ich tat es sogar selbst. Ich baute für J&P aus Teilen ihres Kataloges eine Maschine.« Der gelb-blaue Chopper mit Ape-Hanger zierte das Titelbild ihres 2003er Kataloges. Es sieht sehr cool aus – hat aber nichts von einem einzigartigen Hot Match-Modell. Matt sagt: »Menschen, die sich durch den Bau von Custom-Motorrädern auszeichnen, sind Künstler. Wir sind in der Lage, Motorräder anders zu sehen. Ein Motorrad ist nicht nur eine Maschine, es hat eine persönliche Wirkung auf uns.«

Matt will sein Geschäft nicht so weit ausbauen, dass er Leute anstellen muss, die die Maschinen bauen, denn dies will er selbst machen. Seine Kunden kommen zu ihm, weil sie wissen, dass er persönlich ihren Hot Match Custom-Chopper zusammenbaut. Hot Match hat Angestellte, aber keiner von ihnen arbeitet in der Werkstatt. »Niemand anderes als ich berührt das Motorrad«, betont Matt.

Wenn Matt Hotch kein Chopper-Erbauer wäre und sich einen Custom-Chopper kaufen wollte, würde er Billy Lane auswählen, diesen zu bauen. Billys schlichte, aber aktuelle Genialität erinnert ihn an seine eigene lange Lehrzeit, die mit dem Bau von Motorrädern in der Garage seines Vaters begann und noch immer andauert. Arlen Ness war jedoch Matts erste Inspiration. Er erkennt Ness als den König an und sagt stolz: »Jetzt sind meine Teile in seinem Katalog zu sehen. Er betrachtet mich als seinesgleichen. Meine Idole respektieren heute meine Arbeit.«

Geboren 1974 in Minneapolis, zog seine Familie nach Fullerton, Kalifornien, als er zehn Jahre alt war. Mit zwölf begann er, in der elterlichen Garage an Autos zu arbeiten. Als er sechzehn war, tauschte er einen überholten VW gegen seine erste Harley ein. Bald brachten ihm Freunde ihre Maschinen – meistens Schrotthaufen – um sie wieder zum Laufen bringen zu lassen. Das war der Beginn seiner Karriere. Matt sagt belustigt: »Ich lernte, indem ich an den Maschinen anderer Leute herumschraubte!«

Matt ist ein ebenso schneller wie entschlossener Schüler, aber in der Schule selbst war er nicht besonders gut. Tatsächlich wurde er von der Highschool geworfen und musste an einer Fortbildungs-Akademie seinen Abschluss machen. Matt will sich nicht genau festlegen, warum er flog, aber er gesteht ein, dass er mit Autoritäten nicht gut klarkommt. Jeder, der ihm nahe steht, ist froh, dass er schließlich seine Nische gefunden hat.

Weil Matt alle Blech-Arbeiten selbst erledigt, kann es nach der ersten Anzahlung bis zu eineinhalb Jahre dauern, bevor man seinen Hot Match-Chopper nach Hause fahren darf. Matt mag es nicht, Kunden zu enttäuschen, indem er ihnen falsche Termine gibt, aber er versucht, seinen Job innerhalb von sechs bis acht Monaten zu erledigen. Er arbeitet hart, um alle glücklich zu machen.

II Feat

Amarillo

Continental

Cuerito

Gold Member

6 Cyril Huze

Die Romantik des Fahrens

Wenn es vielleicht auch unvereinbare Meinungen darüber gibt, was ein Chopper eigentlich ist, sagt Cyril Huze: »Ich würde sagen, dass jeder weiß, was kein Chopper ist.« Eine traditionelle Definition lautet, dass alle Teile, die ein Motorrad nicht schneller machen, entfernt werden müssen, sodass sich die kosmetische Erscheinung ändert. Obwohl eine verbreitete Meinung diese Theorie unterstützt, glaubt Huze, dass die heutige Popularität des Genres mehr mit unserem Versuch zu tun hat, zu definieren, wer wir selbst sind. »Es ist eine Rebellion, weil du ein industrielles Serienprodukt nimmst und es in etwas verwandelst, das deins ist und eine persönliche Aussage darstellt.« Er glaubt, dass nicht das Aussehen ein Motorrad zum Chopper macht, sondern das Gefühl, das entsteht, wenn man es sich ansieht.

»Der wichtigste Aspekt, der einem Chopper bleibt – das Typische der 1970er-Jahre und der heutigen Zeit – ist die lange Front«, führt Huze fort. »Heute kannst du auch dank der Kreativität der Erbauer eine Chopper-Haltung einnehmen, ohne die traditionelle Geometrie der 70er respektieren zu müssen.«

Huze schreibt der in Motorräder von Harley-Davidson vernarrten Babyboomer-Generation das heutige Wiederaufleben der Chopper-Popularität zu. Als die Anzahl der herkömmlich aussehenden Maschinen auf der Straße die kritische Masse erreichte, gab es eine Reaktion älterer und traditioneller Fahrer. Alle sahen auf dem Motorrad gleich aus – zumindest auf einer konventionellen Harley-Davidson. Jetzt, wo Richter, Ärzte, Piloten, Klempner, Lehrer und Trucker alle gemeinsam fahren und die gleiche Kostümierung tragen, haben sie viel von dem erreicht, was sie sich vorgenommen haben: die Flucht aus der Monotonie und der Routine ihres Lebens, indem sie sich schauspielerisch betätigen.

Doch diejenigen, die schon immer Motorrad gefahren sind und ihren eigenen alternativen Lebensstil hatten, sind nicht glücklich darüber, plötzlich dem Mainstream der Gesellschaft nahe zu stehen. Und so wie diese älteren Fahrer wollen sich auch jüngere Leute von ihren Eltern unterscheiden, die auf Fulldressern durch die Landschaft tuckern. Beide Lager haben eine bewusste Entscheidung getroffen, zu den Wurzeln des Motorradfahrens zurückzukehren.

»Meine Inspiration ist Kunst«, sagt Huze, wenn er seinen Anspruch beim Bau von Motorrädern beschreibt. Wie ein Künstler beginnt er ein Projekt mit Skizzen, bevor er mit dem Bau anfängt. Dabei betrachtet er alle Perspektiven: von vorne und hinten, schräg von vorne, schräg von hinten. Er mag es nicht, zu improvisieren. Niemals beginnt er mit einem Motorrad, solange er noch kein Thema gefunden hat. »Mein Job ist es, das Drehbuch zu schreiben«, sagt Cyril, als wäre er ein Filmproduzent. »Für mich ist es Kreativität, zwei Dinge zusammenzubringen, die vorher zusammen noch nie gut ausgesehen haben.«

Als Huze 21 Jahre alt war und noch in seiner Geburtsstadt Paris lebte, kaufte er sich sein erstes Motorrad, eine blaue FLH Electra Glide, die er seitdem fährt. Huze verfiel auf typisch französische Art der Liebe zum Motorrad, und er war entschlossen, Motorräder nach seinen eigenen Vorstellungen zu gestalten. Im Jahre 1992 entschied er sich, eine erfolgreiche Karriere in der Werbewirtschaft zu beenden, die ihn nach New York geführt hatte, seinen Kindheitsträumen zu folgen und Custom-Motorräder zu bauen. In Boca Raton, Florida, gründete er sein Geschäft.

Den unangenehmsten Moment seiner Motorrad-Karriere erlebte Cyril kurz bevor er Profi wurde. Er hatte sein eigenes Motorrad customisiert und nahm damit 1992 an einem von Harley-Davidson gesponserten Wettbewerb teil. Zu seiner Überraschung wurde er als Gewinner ausgerufen. Doch als es Zeit für die Siegerrunde vor dem Publikum wurde, wollte sein Motorrad nicht mehr anspringen. Nach vielen fehlgeschlagenen Antrittversuchen wollte er die Maschine anschieben, doch Willie G. Davidson, der einer der

Juroren war, riet ihm zu noch einem weiteren Versuch – und der war erfolgreich. Es gab einen riesigen Applaus. Vielleicht war es ein peinlicher Moment, aber er förderte seine gerade beginnende Karriere.

Wenn er einen neuen Auftrag erhält, verbringt Cyril einige Tage mit seinem Kunden. Er will seine Lieblings-Musik hören, seine Frau oder Freundin treffen, wissen, welche Filme er sieht und welche Bücher er liest. Er will sehen, wie er sich kleidet, wie er seine Wohnung dekoriert, welche Farbe seine Badehandtücher haben. Huze hat auf seiner Webseite eine zwölf Punkte umfassende Liste, die seiner Meinung nach eine Philosophie zum Bau von Custom-Motorrädern repräsentiert. Der Letzte lautet: »Ein guter Designer ist nicht derjenige, der dich nicht von deinen Wünschen abhält, sondern derjenige, der dich zu dem bringt, wovon du noch gar nicht wusstest, dass du es wolltest.«

Wenn Huze sich einen Chopper kaufen müsste, würde er einen Besuch bei Billy Lane in Betracht ziehen. Lanes Arbeit unterscheidet sich von seiner, aber Huze schätzt sein innovatives Talent und die erfrischende Herangehensweise, die er in die Szene bringt. »Ich denke, dass die Kunst in diesem Geschäft nicht nur aus dem kreativen Wettbewerb zwischen den professionellen Erbauern kommt«, sagt Cyril über die Crème de la Crème der Custom-Szene, »sondern auch aus der Arbeit von Garagen-Tüftlern, die eine Menge neuer Ideen einbringen. Wenn du zu Bike-Shows gehst, wirst du immer Amateur-Arbeiten sehen – es kann ihr erstes, vielleicht auch zweites oder drittes Motorrad sein, das mit erstaunlichen Dingen daherkommt, an die von den Profis bisher noch niemand gedacht hatte. Und wir werden von diesen Leuten inspiriert. Ich respektiere sie sehr.«

»Ich bin bezüglich Motorrädern sehr romantisch«, sagt Cyril. »Beim Motorradfahren gibt es eine Menge Romantik.« Er liebt immer noch das Fahren. Jedes Jahr unternimmt Huze mit Freunden eine lange Reise. Am liebsten fährt er für zehn Tage durch die riesigen Weiten des amerikanischen Westens. »Es ist die stärkste Landschaft Amerikas«, sagt Huze. »In Europa haben wir über Amerika Klischee-vorstellungen. Es kann die amerikanische Landschaft sein, die Urein-wohner, Kennedy, James Dean ...«

»Und eine dieser Stereotypen ist Harley-Davidson. Egal, was die Chopper-Bauer sagen – selbst das ›Fuck the Factory‹, das man auf T-Shirts sieht – wir alle begannen wegen Harley-Davidson. Der ameri-kanische Motorradpolizist auf seiner Harley ist ein Bild, das ich schon als Kind im Kopf hatte. Ich spielte mit einem Spielzeug-Polizisten, der auf seiner Harley-Davidson saß.« Als Huze 1978 als Tourist zum ersten Mal einen Fuß auf amerikanischen Boden setzte, war das erste, was ihm während der Taxifahrt in die Innenstadt von Chicago ins Auge fiel, ein Polizist, der einen blauen Helm trug, auf einer Harley saß und Kaugummi kaute. Der Polizist sah so aus, als wäre Cyrils Spielzeug zum Leben erweckt worden. Für den 25-jährigen Huze war es eine emotionale Erfahrung. Er fühlte sich, als würde er in einem Film mit-spielen. Sein Leben hat auf verschiedene Arten immer noch eine gewisse cineastische Qualität. Doch anders als viele der klassischen Biker-Filme der 1960er-Jahre scheint Huzes persönlicher Film zu einem Happy-End zu führen.

Miss America

Surreal Huze

7 Pat Kennedy

Das große Ding

Pat Kennedy ist ein Biker – und zwar ein echter. Er definiert Chopper mit einem Wort: Leben. Er sagt: »Es gibt kein anderes Gefühl. Es gibt kein anderes Motorrad. Dies ist das wahre Zentrum.«

»Ich will nicht, dass er mir entrinnt«, sagt Kennedy über seinen Lebensstil, den er auf einem Chopper erreicht hat. »Und ich will ihn nicht teilen. Es ist kein Gruppen-Ding. Ich fahre nie mit Gruppen.«

Pat Kennedys Werkstatt – eine restaurierte Scheune – steht in den Weiten Arizonas. In jeder der ehemaligen Pferdeboxen findet sich ein spezielles Arbeitsgebiet: eine für das Biegen der Rahmen, eine zum Schweißen, eine zum Formen der Bleche, eine für die Motormontage, eine für die Lackierung und so weiter. »In jedem Stall steckt eine andere Welt«, sagt Pat.

Das Motorradfahren steckt in den Genen der Kennedys – auch seine beiden Brüder fahren. Seitdem er einen Schraubenschlüssel halten kann, arbeitete Pat in der elterlichen Garage an Motorrädern. Und als er zwölf Jahre alt war, durfte er die Maschinen seiner Brüder fahren. Die Faustregel lautete: »Wenn ich sie starten, vom Ständer heben und lenken konnte, durfte ich sie auch fahren.« Dies war etwas kniffelig, denn es waren lange Chopper, und zu jener Zeit wusste niemand etwas über Lenkkopf- und Nachlauf-Geometrie. »Das Vorderrad war total schwergängig«, erinnert sich Pat. »Und es gab nur einen Kickstarter – keinen Knopf zum Drücken.« Heute setzt er auf elektrische Anlasser. »Diese Knie haben auch schon bessere Tage gesehen.«

Als Kennedy in der sechsten Klasse war, hatte er bereits sein erstes Motorrad für einen zahlenden Kunden gebaut – den Präsidenten eines örtlichen Motorradclubs. Als er 15 Jahre alt war, hatte er genug Geld zusammen, um sich seine erste Maschine zu kaufen und sie zu choppen. Er fand eine Sportster, die dem verrücktesten Drogenabhängigen von San Francisco gehörte und der bereits die Gabel für einen Schuss versetzt hatte. Pat

nahm den Rest der Maschine für 1000 Dollar mit, montierte eine Springer-Gabel, reckte den Rahmen und lackierte das Ganze mit lila Flammen. »Ich quetschte die Maschine bis aufs Letzte aus«, sagt Pat.

Kennedys Ausbildung ist sehr vielseitig. Vom Staate Kalifornien hat er eine Bescheinigung als Maschinenschlosser und Schweißer. Er hat ein Zertifikat, Automobil-Fahrwerke richten zu dürfen. Und er besitzt einen Abschluss in Gesetzeskunde. Diese kleine Pirouette in seiner Karriere war aus einer Zwangslage heraus entstanden, wie er es nennt. Irgendwann stellte Pat fest, dass er als Außenseiter – wenn nicht gar als Gesetzloser – ein Drittel seiner Zeit mit der Ordnungsmacht verschwendete. Obwohl er weder Alkohol noch andere Drogen zu sich nahm oder anderen kriminellen Aktivitäten nachging, brandmarkten ihn die Behörden einfach als kriminelles Element – nur weil er Chopper fuhr. Nach etlichen Schikanen entschied er, einige Innenansichten zu gewinnen, um mit diesen Belästigungen besser fertig zu werden.

»Bei einem ›Biker‹ habe ich ein spezielles Aussehen vor mir – und es sieht mir sehr ähnlich. Ich meine nicht, dass er das Gesetz brechen, Drogen nehmen oder ein dämlicher Idiot sein muss. Ein Biker versucht nicht im Mittelpunkt der Aufmerksamkeit zu stehen. Er macht einfach nur was er will.« Pat trägt keine Colors und keine Aufnäher – er ist ein Club für sich alleine. In Kalifornien wurde er einmal für ein Jahr von der Polizei überwacht. Er beobachtete Detektive, die seinen Müll durchwühlten. Ein spezieller Cop war beauftragt worden, seinen Straßenkreuzer jeden Tag während der Öffnungszeiten vor seinem Laden abzustellen. Es wurde ihm ein Haufen Geld dafür bezahlt, dass er Pat wie die Pest hasste. Pat wollte ihn wütend machen, und klopfte jeden Tag an sein Autofenster, um eine Unterhaltung anzufangen. Nach einer Weile gab der Polizist nach. Innerhalb von sechs Monaten wurden die beiden Freunde. »Er war ein Bruder«, sagt Kennedy.

Nachdem er sein Geschäft nach Arizona verlagert hatte, informierte ihn ein Biker-freundlicher Polizist darüber, dass er das Zielobjekt einer der größten Untersuchungen aller Zeiten in diesem Bundesstaat gewesen war. Er war in eine kleine Stadt gezogen und hatte einen 2,50 Meter hohen und mit Kameras ausgerüsteten Zaun um sein Anwesen gezogen. Bald begannen seine Besucher, den örtlichen Flugplatz zu frequentieren. Und er kann es den örtlichen Gesetzeshütern nicht verübeln, dass bei ihnen ein Alarm ausgelöst wurde: ein Drogendealer! Wie konnten sie wissen, dass sich der ganze Klamauk um Motorräder und nicht um Amphetamine drehte?

»Viele Dinge sind lustig, wenn man sie nicht unbedingt machen muss«, sagt Kennedy über seine gewählte Laufbahn. Pat baut Motorräder, weil er es mag, nicht weil er gezwungen ist, ein Geschäft hochzuziehen. Wenn niemand seine Maschinen kaufen würde, hätte er sie trotzdem gebaut. Nichtsdestotrotz tut ihm das Geschäft gut.

Kennedy verbringt nicht viel Zeit mit der Lektüre von Zeitschriften, weil er nicht so viel Einfluss auf seine Arbeit wünscht. Doch selbst, wenn er es nicht vermeiden kann, gelegentlich ein Motorrad zu sehen und nach Luft zu schnappen – »Wow! Warum habe ich das nicht gebaut? Schau dir diese Arbeit an!« –, ist ein Teil von Kennedys Philosophie darauf gerichtet, dass jedes Teil eines Motorrades einen doppelten Zweck erfüllen muss: Erstens muss es seine formale Funktion gewährleisten; und zweitens muss es dabei gut aussehen. In seinem Sinne müssen Form und Funktion gleichzeitig dazu beitragen, das Gewicht eines Choppers zu verringern, – auf der Waage und im Auge des Betrachters.

Ein Chopper muss lang sein. Er muss auch einen radikalen Lenkkopfwinkel haben. »Ein Chopper ist für mich ein massives Motorrad. Wenn ich zurückblicke und all diese Maschinen in Süd-Kalifornien fahren sehe, ist ihre Größe für mich völlig normal.«

Es scheint so zu sein, dass man beim Anblick eines sehr langen Choppers davon ausgehen kann, dass es einer von Kennedy ist. Er baute bereits Custom-, High-End- und unübertreffliche Chopper, als es nur wenige andere taten. Für Pat Kennedy hat es nie eine Renaissance in der Chopper-Kunst gegeben. Er baut sie so, wie er es schon immer getan hat.

Kennedy sagt: »Ich habe niemals ein Motorrad mit meinen Händen gebaut, ohne dass ich mich daran verletzt habe.« Seine Hände tragen Narben, die dies beweisen. Er schaut sich eine Narbe an und erinnert sich an das dazugehörige Motorrad. Pat denkt, jeder kann ein Custom-Motorrad aus einem Katalog zusammenbauen – ob mit seinen Teilen oder denen anderer. »Aber es ist kein Pat Kennedy-Bike.« Es ist sehr einfach zu bestimmen, welches ein originaler Kennedy-Chopper ist, denn er signiert jedes von ihm gebaute Motorrad. Wenn also auch alle Teile aus Kennedys Laden kommen, ist es kein Pat Kennedy-Original, solange er nicht alles selbst zusammengefügt hat – er also auch kein Blut daran verloren hat.

Ist Pat Kennedy ein Künstler? »Ich weiß nicht. Kunst ist ein großes Wort«, erwidert er. »Ich würde mich als Handwerker bezeichnen.« Er sagt, er signiere seine Werke, weil die Leute wissen sollen, woher sie kommen. »Es hat viele Nachahmer gegeben. Ich will, dass man weiß, dass es echt ist, und was dies bedeutet.« Und nach einer bedächtigen Pause: »Nein, keine Kunst.« Nur ein Chopper? »Yeah.«

Easy Rider

8 Billy Lane

Die Sex-Maschine fahren

Billy Lane gibt zu, dass er Motorräder baut, die schön sind – »aber niemals hübsch.« Urwüchsig und nur mit etwas »Ostküsten-Soße« serviert, stehen sie für Tempo, Leistung und vor allem Respekt.

Oft gehen gefundene Objekte in seine Bike-Tartar-Rezepte ein. Insofern ist Billy ebenso ein warmherziger Romantiker, wie er ein eiskalter Biker ist. »Ich sehe einen 60 oder 70 Jahre alten Wasserhahn«, sagt er. »Ich staune darüber, wie viele Leute ihn wohl benutzt haben.« Einschließlich einer irren Wirkung, die offensichtlich lange anhält, gibt diese seinen Motorrädern auch eine gewisse Art von Charme. Billy mischt Kitsch mit Chic zu einer ganz eigenwilligen Sache. Niemand anders würde einen Spülkasten-Hebel aus Porzellan zu einem Benzinhahn verarbeiten.

Billy begeistert sich für Vorkriegs-Motorräder, und er fragt sich, wie viele Feldwege sie bereits entlanggerumpelt sind; wie viele Wahnsinnige – inzwischen wohl allesamt Gespenster – sie vor Jahrzehnten von einem Abenteuer zum nächsten geritten haben. »Ein altes Motorrad hat etwas echt Mysteriöses an sich.« Er liebt es, von diesem Mythos, diesen Vorkriegs-Zutaten, einiges auf seine neuen Motorräder zu sprenkeln.

Am 6. Februar 1970 in Miami geboren, ist Billy gerade alt genug, sich an die erste Chopper-Welle zu erinnern. Als Kind sah und hörte er sie in Süd-Florida ständig. Er erinnert sich an einen Nachmittag mit seinem Bruder und seiner Mutter, als er aufgeregt auf eine große Gruppe tätowierter Biker zeigte, die sich ihnen auf der Straße näherte. Seine aufgebrachte Mutter brüllte ihn durch das Grollen der Auspuffrohre hindurch an: »Nicht hinsehen, nicht hinsehen!«

Im Alter von 18 Jahren durfte er zum ersten Mal mit seinem Bruder mitfahren, sodass sich sein Interesse an Choppern sofort wiederbelebte. Doch zu dieser Zeit wollte niemand außer einer Truppe von Dickschädeln und Ewiggestrigen diese Geräte. Billy fand eine

1950er Panhead in Teilen. Er baute sie nach dem Versuch-und-Irrtum-Prinzip zusammen und brachte sie zum Laufen. Nachdem er sie schließlich auf die Straße gebracht hatte, war die Maschine cool genug, die Aufmerksamkeit einiger Hardcore-Clubs aus der Umgebung auf sich zu ziehen. Sie schlossen den Schüler, der noch grün hinter den Ohren, kurzhaarig und nicht tätowiert war, in ihr Herz. »Ich war immer anders«, sagt Billy. Diese traditionellen One-Percenter luden ihn in ihr Clubhaus zum Biertrinken ein. Und sie brachten ihm eine Menge über die Wartung von Motorrädern bei.

Nachdem er einen Abschluss als Maschinenbau-Ingenieur gemacht hatte, ging Billy nach Miami zurück, um im Motorradgeschäft seines Bruders zu arbeiten. Hier kombinierte er seine technische Begabung mit der Vorliebe, die richtigen – oder falschen – Teile genau richtig zusammenzufügen, sodass die daraus entstehenden Motorräder mehr zu einer Skulptur als nur zur Summe ihrer Einzelteile wurden. Anfang 1995 begann er bereits, sich selbstständig zu machen.

Während dieser frühen Jahre konnte Billy es sich nicht leisten, neue Motoren zu kaufen, also besorgte er sich alte Maschinen und restaurierte sie. Das macht er immer noch so – aber nicht, weil er es muss. Er hat eine gewachsene Liebe zu altem Eisen, denn er glaubt, dass ältere Motoren mehr Charakter besitzen. »Du kannst sehen, wo sich die beweglichen Teile befinden«, sagt er. Zu beobachten, wie die Form der Funktion folgt, verzaubert ihn.

Während er gealterte Flatheads, Knuckleheads oder Shovelheads betrachtet, sieht er eine Landkarte voller Narben auf den geschwollenen Zügen eines Boxers, dessen Nase mehrfach gebrochen wurde. Diese alten Mühlen bedeuten ihm eine ganze Truppe harter Kerle aus den 1940er-Jahren – in einem Schwarzweißfilm. Jeder erzählt ihm eine andere Geschichte und hilft ihm, eine Idee für das nächste aufzubauende Motorrad zu finden.

Nachdem ein Chopper fertig ist, macht er daraus einen Teil von sich selbst, indem er ihn einfach fährt. Für Billy ist das Fahren eines Choppers ein Privileg, eine Auszeichnung, eine Ehre, die verdient werden muss. Bezüglich seiner Philosophie des Chopperfahrens sagt Billy: »Es gibt nur sehr wenig daran zu tun, aber du lernst, wie du mit dem umgehen musst, was du hast.« Billy fährt seine Chopper wirklich so, als hätte er sie gestohlen. Sie werden nicht verhätschelt, nur weil sie einmal auf dem Titelbild irgendeines Magazins abgebildet waren. Billy unterzieht jedes Motorrad, das er gebaut hat, einer regulären Alltags-Prüfung. Sie sehen danach hart herangenommen und verschwitzt aus. Für Billy zeigt hartes Fahren Respekt vor dem Motorrad.

Normalerweise fährt Billy jeden Tag. Solange es nicht in Strömen regnet – aber auch dann –, fährt er mit dem Motorrad zur Arbeit. Wenn aus irgendeinem Grund das Motorrad eines Kunden im Laden steht, und Billy will es fahren – dann fährt er es. Er will nicht mit Kunden zusammenarbeiten, die hierfür nicht entspannt genug sind. Er will immer sichergehen, dass die Maschinen technisch in bestem Zustand sind, und das Fahren hilft ihm, ein Gefühl für ihre Leistungsfähigkeit zu bekommen. Billy fährt jedes von ihm gebaute Motorrad lange genug, um jede Eigenart herauszufinden, bevor er dem neuen Besitzer die Schlüssel in die Hand drückt. »Es ist so, wie mit einer Frau zusammen zu sein«, sagt er. »Du lernst, was sie mag, wie sie fühlt, und du lernst alles andere über sie. Und dann gehst du zur nächsten!«

»Jedes Element, das ich zum Glücklichsein brauche, ist da, wenn ich fahre«, behauptet er. Wenn er keine Zeit hat, quer durch das Land nach Kalifornien zu fahren, muss er sich einen entsprechenden Termin setzen. Das Fernsehprogramm Biker Build-Offs, in dem Billy gezeigt wurde, hat es ihm ermöglicht, sich etwas Zeit für seine Karriere zu nehmen und gleichzeitig viel Spaß am Fahren zu haben.

Bis er sein jüngstes Camel-Bike gebaut hat, war Blue Suicide sein Lieblingsmotorrad. Es ist wahrscheinlich auch dasjenige, welches er die letzten zwei Jahre am häufigsten gefahren hat. Es wurde zum zweiten Mal aufgebaut, nachdem ein Dieb es zu Schrott gefahren hatte. Gefragt, wie er es zurückbekam, antwortet Billy: »Ich bin verheiratet. Was mit dem Dieb geschah, solltest du besser nicht in dieses Buch schreiben!«

Neben dem Bau seiner berühmten Chopper geht Billy gerne surfen. Die verbleibende Zeit verbringt er mit Gewichtheben und Kickboxen. Hartes Arbeiten stumpft ihn nicht ab. Er liebt Billard spielen und Bier trinken. Er lebt so gut er kann. Billy ist zweifellos ein Party-Biker. Er sagt, dass er alles hat, was ihm das Leben geben kann, und wenn er morgen den Löffel abgeben müsse, würde er als glücklicher Mensch dem Sonnenuntergang hinterherfahren.

Nach Billys Verständnis ist ein Chopper minimalistisch. Er ist handgefertigt und verkörpert die möglichst nah an der Perfektion liegenden menschlichen Qualitäten seines Erbauers.

Psycho Billy Cadillac

Blue Suicide

Knuckle Sandwich

Camel Bike

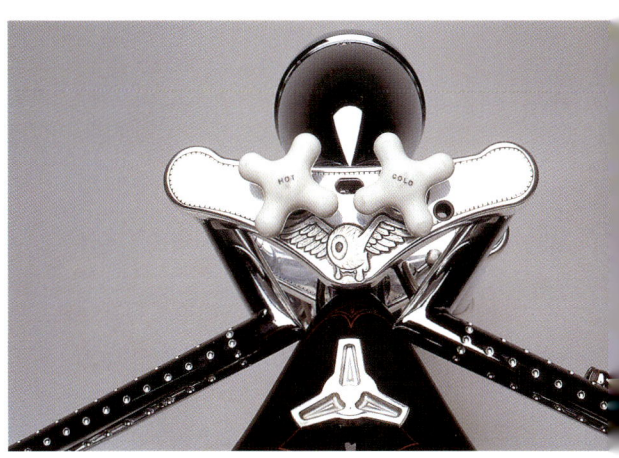

9 Die Martin-Brüder

Das Motorradgeschäft in Schwung bringen

Die Bande zwischen den Brüdern Joe und Jason Martin gehen über das Familiäre hinaus. Sie sind fest verbundene Freunde und Geschäftspartner. Sie leben nicht nur jeden Tag zusammen – sie erfreuen sich auch noch an der Gesellschaft des anderen.

Als sie jung waren, träumten die Brüder von einer Musiker-Karriere. Aus praktischen und finanziellen Gründen erhielten Motorräder zwar Vorrang, doch der Bau von Choppern brachte für die Brüder auch die Mittel, die sie zur Befriedigung ihrer künstlerischen Neigungen benötigten. Joe erklärt: »Wenn ich eine Nacht schlecht gespielt habe, mein Ausdruck schlecht war, mein Timing, oder mein Verstärker in einem Raum mit schlechter Akustik richtig übel klang, dann war ich für Tage schlecht drauf. Bei den Motorrädern kann ich einfach in den Laden gehen und hier oder dort etwas verändern, oder es reparieren, wenn etwas schief geht.«

Jason sieht den Unterschied zwischen den beiden Kunstformen etwas pragmatischer. Er witzelt: »Beim Bau von Motorrädern muss du nicht mit einer verdammten Band zusammenarbeiten! Musiker sind doch Spinner.« Joe erinnert sich, als Kind Chopper auf den Straßen von Carbondale, Illinois, gesehen zu haben. »In den späten 1970ern, bevor Chopper richtig cool wurden, hast du Kerle auf diesen alten verölten und vergammelten Shovelheads und Panheads mit Handschalthebeln fahren sehen. Sie schienen wirklich unantastbar zu sein«, erinnert sich Joe.

Nachdem die Familie nach Dallas, Texas, gezogen war, war Jason schnell von einem Knucklehead-Chopper fasziniert, der im Keller ihres Hauses parkte. Dieses Motorrad war für ein naives Kind eine Art verbotene Frucht. Jeder, der in dieser Zeit eine Harley besaß, so erzählt Jason, muss ein totales Arschloch gewesen sein. Harleys waren kein üblicher Anblick. »Ich dachte, ich könne bereits durchs Anschauen Probleme bekommen.«

Kurz nach Joes Schulabschluss bekam die Mutter der Jungen einen Job außerhalb von Texas. Jason hatte noch ein Jahr auf der Highschool zu absolvieren. Weder Joe noch Jason wollten Dallas verlassen, also lebten die beiden Teenager ohne elterliche Unterstützung. Um ihre musikalischen Ambitionen zu finanzieren, hatte Jason zwei Jobs angenommen; Joe arbeitete an einem Ort, wo er für die örtliche Hot-Rod-Szene Reifen und Nockenwellen wechseln musste. Er lernte Lackieren und Linien zu ziehen, indem er die Abbildungen studierte, die er in Magazinen fand.

Die Brüder fanden ihren Weg in das Customizing-Geschäft. Ihre erste Lackierarbeit war – wenn man es so nennen kann – die Küche ihres gemieteten Hauses. »Wir hatten die schrecklichsten Autos, die man sich vorstellen kann«, sagt Jason. »Ich war Joes Lackier-Assistent.« Jason wollte die Küche mit Motorhauben, Kotflügeln und Türen dekorieren. Dies waren die Leinwände für Joes Airbrush-Grafiken. Es war eine verrückte Szene mit kläffenden Hunden und ständig lauter Musik.

Zu dieser Zeit waren Joe und Jason gut in die Custom-Car-Szene von Dallas integriert, aber sie hatten noch keine Erfahrungen mit Motorrädern. Allmählich brachte ihnen ein Bekannter nach dem anderen eine gebrauchte Harley zum Lackieren – und es sprach sich in den örtlichen Motorradläden herum, dass ihre Arbeit überragend sei.

Joe kaufte sich eine 1951er Panhead. Bald danach fand Jason für sich eine Shovelhead. »Das Erste was wir taten, war sie in Stücke zu reißen«, wie Jason es nennt. Sie verloren den Überblick, welches Teil wohin gehörte. Und schließlich probierten sie einiges aus.

Sie arbeiteten im Wohnzimmer an den Motorrädern, weil die Garage von Joes Autos besetzt war. Alle ihre Möbel wurden ins Esszimmer gequetscht. Dann kauften sie eine kleine Fertighütte, installierten einen Lüfter und ein Heizgerät – und hatten sich so eine Lackierkabine gebaut, denn die Aufgaben hatten die Aufnahmekapazität der Küche längst überstiegen.

Die Martin-Brüder haben sehr präzise Ideen, wenn es um die Kunst der Chopper geht. »Jedes Teil eines Motorrades ist Kunst. Jedes seiner Teil muss gut aussehen. Alles muss vorzeigbar sein«, sagt Jason. Ohne Vorgaben mit einem Motorrad anfangend weiß er, dass er etwas aus sich heraus entwickeln kann, was noch niemand zuvor gesehen hat.

Jason glaubt, dass Chopper nicht unbedingt komfortabel sein müssen. Die »Haltung« der Maschine und die Pose des darauf sitzenden Fahrers sind die primären Aspekte dieser Kunst. Es geht sicherlich nicht in erster Linie um den Transport. »Es würde wirklich bekloppt aussehen, einen tatsächlich komfortablen Lenker an einen Chopper zu bauen.«

Laut Joe ist für ihre Kundschaft das coole Aussehen viel wichtiger als der Komfort. »Außerdem wollen sie einen Passagier mitnehmen können – denn sie wollen damit anbaggern.«

»Ein Chopper sollte dir etwas über die Person sagen, die ihn fährt«, sagt Jason. Joe fügt dem hinzu, dass es einen »Chopper-Geist« gibt, der seine Hand führt, wenn er Motorräder kreiert.

Jason Martin bewundert Billy Lanes traditionelle Ethik. »Billys Zeug ist cool, weil es fast so aussieht, als würde er sich über die ganze Sache lustig machen«, macht Joe geltend. Matt Hotch wird ebenfalls von den beiden für seine »ultimativ aufgeräumten« Maschinen und sein glattes »Sanitär-Design« verehrt.

Weder Joe noch Jason können so viel fahren wie wie wollen. Wenn es nass ist, fahren sie nicht – und sie haben gerade einen besonders feuchten Winter hinter sich. Selbst während des Frühlings kann ein Platzregen sich unerwartet zu einem fürchterlichen Hagelschauer entwickeln und Golfball- bis Grapefruit-große Eisbrocken, die in der Lage sind, Kühe zu erschlagen, auf unglückliche Motorradfahrer schleudern. Wenn man zu den Unbilden des Wetters noch das schwere Arbeitspensum und ihre musikalische Nebenbeschäftigung hinzurechnet, begreift man, dass die Martin-Brüder kaum Zeit zum Motorradfahren finden.

»Das Bauen von Motorrädern bringt uns keinen Penny«, sagt Jason. Ihre Firma erzielt den größten Gewinn durch die verkauften Auspuffanlagen. »Wenn du den Bau eines Motorrades mit einem Teilewert von 15 000 Dollar beendest, denkst du, du kannst es für 30 000 Dollar verkaufen und Geld verdienen. Doch was zur Hölle heißt dies? Nichts! Die Zeit, die du dazu brauchst ...«

Joe stimmt ein: »Ja, das sind fünf Dollar pro Stunde!« Die beiden lachen wieder.

»Du willst gar nicht an diesen Shit denken, wenn du ein Motorrad aufbaust«, sagt Jason. Joe hat an der jüngsten Blüte der Chopper-Popularität noch etwas auszusetzen. Er findet es traurig, dass das wachsende Geschäft für die Martin-Brüder und andere zu einer krassen Kommerzialisierung der Chopper-Ästhetik geführt hat.

»Es gibt da die Tendenz, ihnen das wirklich Coole zu nehmen – wenn du weißt, was ich meine«, beklagt er sich. Als Joe und Jason gefragt wurden, ob sie irgendeinen jungen Chopper-Erbauer kennen, der noch nicht für einen Tag berühmt war, antworten sie rasch einstimmig: »Uns!« Dann lachen sie. Sie sind auf dem besten Wege.

Trend Killer

10 Russell Mitchell

Exil im Mainstream

E s fällt mir schwer, mit übergroßen Schutzblechen und Tanks versehene Softails in das Chopper-Genre einzufügen«, sagt Russel Mitchell. »Es gibt einige Softail-Chopper, die wirklich sauber gefertigt sind und fast starr aussehen; und gelegentlich bauen wir welche für unsere Kunden. Aber ich denke nicht, dass es eine echte Erklärung gibt und dass es wirklich wichtig ist. Es ist ein Motorrad. Ich betrachte fast alles, was wir machen, als Chopper – selbst die kurzen und pummeligen Bikes.«

Mitchell entwickelte ein Interesse an Motorrädern, als er noch in seiner Geburtsstadt London lebte. Er sagt, dass Motorradfahren ihn ursprünglich deswegen anzog, weil es ein wirksamer Weg war, von seinen Eltern loszukommen. »Sie bewahren noch eine Menge dieser viktorianischen Mentalität. Es geht nur darum, was die Nachbarn denken. Mit einundzwanzig dachte ich über mein erstes Tattoo nach. Statt sich hinzusetzen und mir zu sagen ›denk nach, mein Sohn, es könnte dir im Leben schaden‹, hinterließen sie mir eine Nachricht, dass sie mich enterben würden. Man kann so etwas nicht zu einem 21-Jährigen sagen. Gleich darauf raste ich mit 100 Meilen die Stunde zum Tätowierer.«

Der Umfang von Mitchells Motorrad-Fixierung wuchs sich bald bis zum Bau und dem Fahren von Custom-Bikes aus. »Wenn ich das Geld gehabt hätte, das ›schlimmste‹ Custom-Bike von England zu bauen, hätte ich es getan.«

»Dies war in den späten 1980ern. Die englische Wirtschaft lag am Boden. Das englische Wetter ist immer schlecht. Und ich hatte wahrscheinlich den bestbezahltesten Tierarzt-Job all meiner Studienkollegen. Ich hatte einen Nebenjob als Fotomodell für eine der besten Agenturen in London, und ich fuhr immer noch in einem Auto von der Größe einer Streichholzschachtel herum, lebte in einer Etagenwohnung mit zwei Schlafzimmern im beschissensten Stadtteil Londons und war gerade einmal in der Lage, ein japanisches Motorrad zuzulassen.«

Russell reiste in den Ferien nach Los Angeles, um eine Freundin zu besuchen, die dort für sechs Monate als Fotomodell arbeitete. Sie brachte ihn mit ihrem Agenten zusammen, der Mitchell fragte, ob er nicht auch nach Kalifornien kommen und für ihn arbeiten wolle. So verließ er 1991 England und ging in den sonnigen Westen der USA.

In Los Angeles führt jede Art von Engagement bald zu irgendeiner Form der Schauspielerei – und dies passierte auch Russell. Er schlug sich irgendwie als Schauspieler durch, aber er wusste, dass er niemals ein Brad Pitt werden würde. Nachdem er bei einem Marlboro-Werbefilm mitgemacht hatte, der ihm etwas Geld aufs Konto brachte, gab Mitchell seinen alten Gewohnheiten nach und baute für einen Freund ein paar Custom-Motorräder. »Ich war wirklich davon begeistert«, erinnert er sich. Sie erhielten reichlich Aufmerksamkeit, und es gab viele Nachfragen nach den von ihm konstruierten Bauteilen. Mitchell dachte sich: »Ich kämpfe mich als Schauspieler durch und habe nichts außer Freizeit, und ich brauche doch nichts mehr als etwas zusätzliches Einkommen.«

Innerhalb von fünf Monaten entstand für den Teilzeit-Motorradkonstrukteur eine Vollzeitbeschäftigung. Die Firma Exile Cycles wurde 1995 offiziell gegründet. Mitchell sagt: »Ob jemand Erfolg hat, hängt davon ab, was er mit seiner Zeit anfängt. So wurde bereits das erste Jahr gut, weil es mir ein paar mehr Scheine einbrachte, als ich sonst gekriegt hätte.« Statt sich auf das Geldverdienen zu konzentrieren, legte er Wert auf den guten Ruf seiner Firma – natürlich im Glauben, dass hierdurch Geld hereinkommen würde. »Jetzt haben wir eine anständige Größe«, sagt er über Exile, »schließlich habe ich immerhin einmal im Leben eine kluge Entscheidung getroffen.«

Manche Leute vergleichen die Motorräder von Exile mit den frühen Bobbern oder Choppern der 1950er-Jahre. Mitchell räumt ein, dass sein »Aroma«, besonders seine frühen Designs, diese Beobachtung unterstützen. »Wir versuchten, diesen nostalgischen Touch beizubehalten.«

Die vorrangige Konzentration liegt bei Exile auf Einfachheit. Wenn ihre neuesten Beispiele weiterhin ein bestimmtes Erbe widerspiegeln, liegt dies nur daran, dass sie die minimalistische Ästhetik von Motorrädern nachahmen, die in einer vergangenen Ära gebaut wurden. Dies bedeutet jedoch nicht, dass man moderner Technologie ausweicht. Exile-Motorräder sind mit pfiffigen Sechsganggetrieben, innen verlegten Leitungen und anderen trickreichen Utensilien ausgerüstet. Mitchell mag es aber nicht, moderner Technik nur um ihrer selbst willen nachzujagen.

»Wir minimieren die unwichtigen Komponenten«, sagt Mitchell. »Ich liebe den Gedanken, dass wenn ein Fünfjähriger ein Motorrad zeichnet, dies genauso aussieht wie unsere Maschinen. Ihr Aussehen ist so sehr vereinfacht, dass sie wie ein Cartoon-Motorrad aussehen.« Aber es sind keine Comic-Bikes; es sind Hardcore-Maschinen – schlecht bis auf die sprichwörtlichen Knochen. »Wir schrauben die Motoren fest in Starrrahmen, und unsere Motorräder vibrieren stärker als man es sich vorstellen kann. Sie bringen vermutlich den Höhlenmenschen in dir wieder hervor.«

Mitchell fährt gern selbst, aber er findet, dass zu vielen Custom-Motorrädern die Zuverlässigkeit fehlt. Sie sind zu zart. Also versucht er Motorräder zu kreieren, die das Beste aus beidem repräsentieren. »Es kann direkt neben jedem anderen Custom-Bike auf dem Parkplatz stehen. Aber es hat diese Dauerhaftigkeit, die durch die ausprobierten und getesteten Teile entsteht. Wenn du dieses einzeln angefertigte Teil hundertmal machst, weißt du, was dich erwartet.« Er ist sich ebenso bewusst über die Konsequenzen eines Unfalls und die Schwierigkeit, handgefertigte Teile zu ersetzen. »Hey Mann! Erinnerst du dich an den Tank, den du aus einem alten Kasten und gebrauchten Rasenmäher-Teilen gemacht hast? Nun, ich habe ihn gerade hundert Meter über den Asphalt geschleift. Kannst du mir einen anderen bauen? Nein!«

Wenn es um seine künstlerische Vision geht, sagt Mitchell: »Ich denke, dass ich mein Gespür schon in meiner Jugend entwickelt habe, wenn du es so nennen willst. Ich habe einen sehr engstirnigen Geschmack. Für mich gibt es nur einen am besten aussehenden Satz Auspuffrohre. Und wir stellen bei keinem von uns gebauten Motorrad die Frage: Sollen wir den am besten aussehenden Satz Rohre montieren oder den zweitbesten? Wir nehmen den besten.

Wenn ich morgens aufwache, danke ich Gott – trotz eines Katers –, weil ich das liebe, was ich für mein Auskommen tue. Ich fühle mich wie der glücklichste Mensch der Erde. Jedes Mal, wenn ich in einen Raum gehe und eines unserer Motorräder sehe, bin ich verblüfft. Mehr noch bin ich hingerissen, wenn ich jemanden darauf fahren sehe.«

Knüppelharte Motorräder – die Freude, eines zu besitzen, die Befriedigung, sie zu bauen und zu beobachten, wie andere Leute vom Fahren einen Kick bekommen – sorgen dafür, dass Russel Mitchells Leben in der Motorradszene erfüllt bleibt.

Flat Black

Silver Bike

11 Jim Nasi

Der freundliche Bär

Wenn es nach Jim Nasi geht, ist jedes nicht mehr serienmäßige Motorrad ein Chopper. Es ist nur ein Spiel mit Namen, und Custom ist ein geeignetes Synonym. Nasis Maschinen sind so »unserienmäßig« wie es nur geht. Er hat nur wenig Nerven für akademische Diskussionen darüber, was ein »korrekter« Chopper ist und was nicht. Er baut Motorräder auf seine Weise.

»Ich habe mich nie als Künstler betrachtet«, sagt Nasi. Vielleicht ist »perfekter Handwerker« eine bessere Beschreibung. Er verbringt unzählige Stunden damit, jedes Motorrad so aufgeräumt wie möglich zu machen, indem er die visuelle Belästigung durch Gasbowdenzüge, Bremsleitungen und Stromkabel so gut es geht minimiert. Im Ergebnis erscheint an einem Nasi-Motorrad alles sehr fließend. Zudem haben die montierten Teile ein so enges Spaltmaß wie die Steine einer Maya-Felswand. Die Teile eines echten Jim-Nasi-Choppers orientieren sich nach unten und nehmen eine irgendwie verstohlene Haltung an. Sie hocken mehr auf zwei Rädern als dass sie sprungbereit über dem Asphalt schweben.

In erster Linie setzen sich Nasis Kreationen durch das viele Blech von den Mittelmaß-Eimern ab. Er setzt von Hand gefertigte Verkleidungsteile ein – und darin liegt die Kunst. Jim besitzt eine Begabung, Schutzbleche und Tanks so herzustellen, dass sie nahtlos von Rad zu Rad fließen. Er verwendet nicht so viel Metall, dass das den Minimalismus verletzen würde, aber es ist immer da und immer erkennbar – bis hin zu seinem Markenzeichen, dem innerhalb des riesigen Kotflügels sitzenden Rücklicht. Ein hydraulisch herausfahrbarer Kennzeichenhalter ist ein anderes Nasi-Merkmal. Oft integriert er ihn in das Farbschema und lässt dann die hohlen Augen eines Totenkopfes beim Betätigen der Bremse blutrot aufleuchten.

Jims tüftlerische Tendenzen sind tief verwurzelt. Als er als Kind von seinen Eltern ein neues Fahrrad bekam, entfernte er die unwesentlichen Teile, befreite es von den Reflek-

toren und feilte die kleinen Grate des Rahmens ab, um es glatt und sauber zu machen. Er scheint es im Blut zu haben.

»Ich mochte die Sachen von Arlen immer besonders gerne«, sagt Nasi, und meint damit Arlen Ness. »Er ist der Pate. Er gehört zu den Größten. Er verdient den Respekt. Arlen hat auf mich großen Einfluss – vielleicht seine Behandlung von Menschen sogar noch mehr als die von Motorrädern.«

Jim Nasis Blutgruppe lautet wahrscheinlich 20W50. Er wurde in der Glanzzeit der Chopper in der Motor-City Detroit geboren. Sein älterer Bruder John ist Direktor der Händlerschulung für Big-Dog-Motorcycles in Wichita, Kansas. Sein ältester Bruder Jeff ist ein Auto-Narr, der für das Magazin Hot-Rod arbeitet.

In den 1980er-Jahren begann Jim Nasi sich für Big-Twin-Motorräder zu interessieren. Nach der Highschool studierte er an der New Mexico State University in Las Cruces Maschinenbau. »Ich kam dort nicht mit«, beklagt er sich. »Ich konnte auch nicht leiden, was ich dort tat.« Nach dem Abbruch des Studiums ging er nach Phoenix. Dort fing er sich den Motorrad-Virus ein. Er kaufte zwei 1981er Shovelheads, customisierte und fuhr sie. Er lernte eine Menge von den beiden Maschinen. Eine davon besitzt er immer noch, er hat sie restauriert und will sie behalten.

Nasi begann mit dem Bau und der Wartung von Custom-Bikes bei Paragon, woraus später die Titan-Motorcycle-Company wurde. Jim war der erste Angestellte bei Titan. Er kontrollierte bald zwei weitere Mitarbeiter und wurde schließlich Produktionsleiter einer Firma mit 70 Untergebenen. »Als ich diesen Posten hatte, bekam ich keine Motorräder mehr zu sehen. Also ging ich.«

Nasi eröffnete seinen ersten Laden samt Showroom in einem noblen Vorort von Phoenix. Diese Lage direkt neben einer Ferrari-Vertretung sorgte für entsprechende Kundschaft und half ihm, im Markt für exotische Motorräder Fuß zu fassen.

Jim stimmt zu, dass der Chopper-Stil, der jetzt auf einer Modewelle reitet, schon seit etwa 40 Jahren existiert, auch wenn er in Amerika eine Zeit lang Winterschlaf hielt. Aber er glaubt, dass seine heutige Popularität sehr lange anhalten wird. Er denkt, dass der aktuelle Aufstieg teilweise auf eine amerikanische Gegenreaktion gegen das Moderne zurückzuführen ist, sowie auf den generellen europäischen Einfluss – nicht nur auf Motorräder. »Du kannst es sogar bei Autos sehen«, sagt Nasi. »Schau dir das Retro-Design aus Detroit an. Es ist eine Rückkehr zum Stil der alten Schule.«

»Die Jahre fliegen heute so schnell vorbei«, sagt Jim. »Ich machte mein Hobby zum Lebensunterhalt. Ich habe nicht viel Zeit für andere Dinge.« Von Zeit zu Zeit fährt Jim aber doch. Er spult zwischen 200 und 500 Meilen mit Kunden-Maschinen ab, um sie einzufahren und sicherzugehen, dass alles korrekt funktioniert. Seit langer Zeit hat er kein Motorrad mehr für sich selbst gebaut, aber es ist eines in Planung. »Stell dir einen 1950er Mercury auf zwei Rädern vor«, sagt er. »Es bekommt vorne und hinten Luftfederung. Der Rahmen wird tatsächlich auf dem Boden liegen, ohne Ständer. Es wird einen [Nasi-typischen] großen Hinterradkotflügel bekommen. Aus den Rohren werden Flammen schlagen. Es wird funktionieren!«

Das letzte Mal, dass Jim von einem Motorradpolizisten angehalten wurde, fuhr er sein geliebtes Camel-Bike. Zu dieser Zeit hatte es keinen Kennzeichenhalter, sondern nur das Blech selbst, außerdem keine Blinker; und die zwei Fallstromvergaser röchelten böse und ungedämpft. Alles nicht sehr legal! Sie stoppten auf dem Randstreifen eines Highways neben einem Wassergraben. Der Polizist nahm eine etwas unfreundliche Haltung an, und Jim ebenfalls. Während der Officer versuchte, die Rahmennummer an Jims Maschine abzulesen, wurde sein Ticket-Block, den er auf dem Sitz seiner Maschine liegen gelassen hatte, in den Straßengraben geweht. Alle Strafzettel, die er an diesem Tag geschrieben hatte, waren verloren – außer Jims, den er in der Hand hielt: 534 Dollar! Ein weiteres Souvenir für Jims Strafzettelsammlung.

Nasi will seine Produktionszahlen niedrig halten. Er erklärt: »Ich will keine Serienmaschine herausbringen. Aber um überleben zu können, fängt man an, Teile zu produzieren. All die Jahre, in denen ich Teile anderer Leute an Motorräder schraubte, haben meinen Hang dazu bestärkt. Ich habe mir immer geschworen: Wenn ich meine eigenen Teile herstelle, werden sie perfekt sein. Du kannst sie aus der Packung nehmen und anbauen. Ich habe von dem Zeug wirklich die Schnauze voll – so sehr, dass es mich viel Zeit kostet, eine Menge Zeugs selbst herzustellen. Aber sei beruhigt – wenn meine Teile da sind, werden sie auch passen.« Diesem Ziel gegenüber bleibt er unnachgiebig.

Am Ende ist es nur die Qualität, die zählt. Jim ist tatsächlich ein Bär von Mann, aber seine Anwesenheit ist nicht erdrückend. In Wirklichkeit ist er ein ruhiger Junge. Er glaubt, dass Leute seine Chopper und Teile kaufen, weil sie cool sind – nicht weil er cool ist. Doch Jim ist definitiv cool!

12 Arlen Ness

Der Pate

E ingeweihte nennen Arlen Ness den Paten – nicht, weil er Angebote macht, die man nicht ausschlagen kann, sondern als Zeichen ihres Respekts für seine Leistung in einer langen und von Legenden umwobenen Karriere. Mit 64 Jahren ist er der Patriarch der Custom-Motorrad-Szene.

Zu einer Zeit, als Chopper noch die schlichten Produkte von mit Schweißbrennern, Bügelsägen, Bohrern und klappernden Dosen voller schwarzer Farbe ausgerüsteten örtlichen Handwerkern waren, fing Arlen Ness mit seinem Barockstil an. Er vergoldete Teile, verzierte die Aluminium-Flächen der Antriebs-Komponenten mit kunstvollen Gravuren, und er verteilt wilde Farbspritzer auf dem Blech. Plüschige Velourpolster schmücken seine Sitzbänke. Wenn Arlen meint, er könne mehr als einen Motor in einen Rahmen quetschen, dann tut er dies. Es war fast Routine – zumindest für Arlen Ness – zwei aufgeladene Ironhead-Sportster-Aggregate in einen einzigen Rahmen zu stopfen, wo sie sich aneinander kuscheln konnten, um haufenweise Pferdestärken zu produzieren.

Diese exzentrisch aussehende Maschine definierte den Chopperstil der frühen 1970er. Ness war einer der ersten Chopper-Erbauer, der den extravaganten Stil der Hippie-Kultur übernahm, welche in seiner Heimat, der Bucht von San Francisco, aufblühte. Ness kombinierte Flower-Power mit Horse-Power, um Motorräder zu kreieren, die eine Ära kennzeichneten.

»Im Jahre 1965 reichten ein Ape-Hanger-Lenker, ein Peanut-Tank und ein 21-Zoll-Vorderrad, und fertig war der Chopper«, erinnert sich Ness. »Verlängerte Gabeln hatten die Straßen-Szene noch nicht erreicht.« Ness erklärt, dass frühere Beispiele modifizierter Maschinen, »Bobber« und »Digger« genannt, sich wahrscheinlich aus den Flat-Track-Rennern von Harley entwickelt hätten. Ness erinnert sich, dass Denver Mullins von Denver's Choppers aus Riverside, Kalifornien Ende der 1960er-Jahre mit dem Bau langer Maschinen begann. Die Fahrer nannten sie einfach »Chopper«.

Mullins mag die Chopper im südlichen Kalifornien populär gemacht haben, doch in Arlens Heimat blieb der Digger der Stil du jour. Ness' Idee war es, ein Custom-Motorrad in etwas zu verwandeln, das sowohl Elemente des süd- wie des nordkalifornischen Stils verband. Seine Idee eines Choppers bedeutete möglichst hohe Lenkstangen an langen, gestreckten Sportstern mit einer kurzen Springer-Gabel, die ein großes Vorderrad aufnahm, sowie ein großes Schutzblech am Heck.

Arlens erstes Motorrad war eine gebrauchte 1947er Harley-Davidson Knucklehead. Er baute sie auseinander, fügte einen Sportster-Tank hinzu und lackierte sie mit einem zum Sprühgerät umgebauten Staubsauger in Metallic-Grün. Nachdem er auf einer örtlichen Bike-Show den ersten Preis gewonnen hatte, fand er sich als Gelegenheits-Lackierer wieder, doch brachte ihm diese Tätigkeit immerhin genügend Wurst aufs Brot. Bald wurde er im Großraum San Francisco bekannt für seine Flammen-Lackierungen auf Tanks und Schutzblechen. Die Knucklehead hat er immer noch.

Es dauerte nicht lange, bis Arlen hauptberuflich als Lackierer von Custom-Motorrädern arbeitete. Sein Geschäft unterstützte er anfangs mit Siegprämien, die er aus einer semi-professionellen Bowling-Karriere angespart hatte.

Ness dehnte seine geschäftlichen Aktivitäten über das Lackieren von Motorrädern aus, indem er begann, Custom-Teile in Handarbeit herzustellen und sie auch zu montieren. Dies verwandelte sich bald in ein echtes Geschäft. »Es wuchs über meine größten Träume hinaus«, sagt er. Arlens Designs schufen einen Weg in die Zukunft der Motorrad-Customisierung, dem andere Erbauer folgen konnten. Seine Fähigkeiten im Umgang mit Blech wurden legendär. Er erfand das Thema Motorrad fast nebenbei neu. Ness war einer der ersten Hersteller, der CNC-gefräste Teile auf den Markt brachte.

Ness baut jedes Jahr 50 spezielle Motorräder. An jedem einzeln angefertigten Motorrad, das sein Geschäft verlässt, hat er Hand angelegt – egal ob es das Anfertigen eines Halters oder das Aufbringen der Flammen ist. Wenn es um große Baugruppen wie den

Einbau eines Motors geht, lässt er die Finger davon. Er sagt seiner Crew nur, was er will, und schon geschieht es. »Ich war immer mehr ein Kosmetik-Typ als ein Motorenbauer«, gesteht er ein.

Arlen Ness besitzt noch alle Motorräder, die er seit 1967 für sich selbst gebaut hat. Tatsächlich hat er sogar einige von Kunden zurückgekauft. Heute hat er fast 60 Maschinen in seiner Sammlung.

Arlen glaubt, dass es keinen Grund dafür gibt, dass ein exzellentes Custom-Motorrad nicht von einem talentierten Schrauber aus dem Katalog zusammengebaut werden könne. »Zubehörteile sind in den letzten zehn Jahren so gut geworden, dass man sie nicht mehr mit dem Schleifstein oder der Feile nacharbeiten muss«, sagt er. Wenn er allerdings näher darauf eingehen soll, gibt er zu, dass ein Kriterium für ein über den Durchschnitt hinausragendes Motorrad der Beitrag eines kreativen Künstlers ist, die Teile zu fertigen, die wirklich einmalig sind. Wenn alle anderen Dinge gleich bleiben, steigt hierdurch ein Motorrad in die Dimension von Kunst auf.

Arlen findet es eine große Sache, dass Chopper wieder populär geworden sind. »Verwaltungsbeamte kaufen heute Chopper. Die Leute bekommen reichlich Aufmerksamkeit. Sie mögen sie. Sie haben Spaß!« Ness hat Motorrad-Moden kommen und gehen sehen, aber er sagt: »Chopper bleiben – mindestens weitere zehn bis 15 Jahre. Chopper zu fahren ist heute mehr ein Hobby als ein Lebensstil.« Gefragt, ob es immer noch fahrende Outlaws gibt, antwortet Ness: »Oh, sicher. Das ist ihr Leben. Das haben sie sich ausgesucht.«

Arlen nimmt sich möglichst viel Zeit zum Fahren, mehr als früher. Jedes Jahr fährt er nach Sturgis. Er trifft mehrmals jährlich seine Kumpel, mit denen er einen Club gegründet hat, dem neben Besitzern von Custom-Bikes auch ein paar andere Erbauer wie Dave Perewitz und Donnie Smith angehören. Sie nennen sich selbst die »Hamster«.

Die Hamster begannen als Insider-Spaß unter den Freunden, die sich jeden Sommer auf den großen Treffen wie etwa in Sturgis wiedersehen wollten. Heute gibt es etwa 200 Mitglieder auf der ganzen Welt, die das gelbe T-Shirt mit dem kleinen Nagetier darauf tragen.

Im Jahre 2002 führten Arlen und sein Sohn Cory, der die buchhalterische Seite des Geschäfts leitet – aber auch ein Händchen für Custom-Design hat –, etwa 100 Hamster von San Francisco nach Sturgis, während ein Fernsehteam die Fahrt dokumentierte. Die Hamster sorgten während der Fahrt und am Ziel immer für Spaß. Nie kam Stress auf. Auf der ganzen Strecke waren Parties geplant. »Es ist hübsch anzusehen, dass viele Custom-Bikes auch auf langen Strecken bewegt werden«, sagt Arlen.

Arlen Ness fühlt, dass er ein sehr glücklicher Mann ist, der aus dem, was er liebt, ein erfolgreiches Geschäft gemacht und seine Familie nahe bei sich hat. Heute fährt Arlen Motorräder, baut welche oder spielt mit seinen vier Enkelkindern. Er ist froh, zur richtigen Zeit am richtigen Ort gewesen und beharrlich geblieben zu sein.

Hippie Sporty

Flame Job

Yellow Bird

13 Dave Perewitz

In einem Vorort von Bridgewater, Massachusetts, baut ein überschwänglicher und freundlicher Kerl namens Dave Perewitz nach eigenen Worten »lang ausgestrecktes, auf dem Boden schleifendes Zeug«. Er meint damit den Bau von Choppern, einem Genre, das er mit den folgenden Worten erklärt: »Auf jeden Fall bedeutet es, dass das Motorrad lang ist. Der Rahmen ist nach oben verlängert, sodass es einen hohen Hals und eine lange Gabel hat. Es muss einen flachen Lenkkopfwinkel und langen Nachlauf haben. Der Tank ist normalerweise sehr hoch auf den Rahmen gesetzt. Das ist im Grunde das Aussehen eines Choppers.«

Die Form seiner Tanks und die komplizierte, wunderbare Lackierung, die er auf seine Kreationen aufbringt, definieren Perewitz' eigenständigen Stil. Doch von Zeit zu Zeit baut er ein Motorrad, das weder wie ein typischer Perewitz-Umbau aussieht noch wie der von irgendjemand anderem. Dave gibt zu: »Nicht jedes Bike hat ›den Look‹; selbst wenn wir es bauen.« »Ein Bike mit dem richtigen Aussehen«, sagt er, »hat genau die Linienführung. Und es ist natürlich ein Mode-Statement – kein Zweifel. Es hält mit dem Trend mit und geht in einen neuen Trend über.«

»Es gibt fast nichts, was wir nicht hinkriegen«, sagt Perewitz. »In der Vergangenheit war es anders als heute. Egal, welchem Problem wir gegenüberstehen – wir lösen es. Wenn du dieses Zeug vor 30 Jahren hättest machen wollen, wäre es ziemlich heftig geworden. Ich weiß nicht, wie manche Leute es damals vermieden haben im Fiasko zu enden.«

Perewitz eröffnete seinen ersten Shop namens Cycle Fabrications im Jahre 1975, und im folgenden Jahrzehnt lernte er alles über den Bau von Custom-Motorrädern. »Es gibt bei dieser Arbeit so vieles zu beachten«, sagt er, »denn es ist nicht nur eine Sache; es ist eine ganze Kette von Ereignissen. Es gibt so viele Dinge, die zusammengesetzt werden müssen. Es gibt so viele Teile, die nicht austauschbar sind. Du kannst eine

Sache tauschen, aber wenn du fünf Dinge ersetzt, passt es nicht mehr zusammen, und dann geht es nicht. Es lässt die Sache ausfransen. Weil ich so lange in der Szene bin und jeden kenne, weiß ich, wer die guten Sachen hat und wer nicht. Doch selbst dann kann man noch Probleme bekommen. Wenn wir hier keine vollständig ausgerüstete Werkstatt hätten, wären wir aufgeschmissen.«

Auf die Frage, ob er sich selbst als Künstler bezeichnet, antwortet Perewitz: »Ja, ich denke, dass ich einer bin – auch wenn ich wirklich schlecht zeichnen kann.« Er ordnet all die Flammen an und sprüht sie auf. »Ich bin die meiste Zeit meines Lebens Lackierer gewesen. 15 oder 20 Jahre lang erledigte ich alle Lackierarbeiten selbst. Ich entwerfe die Linien des Motorrades. Doch wenn wir Maschinen bauen, mache ich selten Skizzen, weil ich mir im Kopf vorstellen kann, wie etwas aussehen wird. Wenn wir es bauen, kann ich es sehen, bevor es fertig ist.«

Dave Perewitz kann sich nicht vorstellen, dass irgendjemand ein Kunstwerk mit Teilen aus dem Katalog bauen kann. Er sieht darin Motorräder, die aus Puzzleteilen zusammengesetzt sind, welche von irgendjemandem in einer Vertriebsabteilung oder auch einer Chopperschmiede in eine Schachtel gepackt wurden. Für ihn wäre dies wie Malen nach Zahlen. »Es muss einen speziellen Touch haben«, sagt Perewitz. »Wenn du dir Sachen aus dem Katalog kaufst, bist du nicht Künstler genug, es richtig aussehen zu lassen.«

Perewitz sagt: »Wir machen hier größtenteils zwei Dinge. Wir bauen Maschinen von Grund auf neu, oder wir machen etwas, was wir ›schweres Facelifting‹ nennen.« Letzteres beginnt mit einem neuen oder leicht gebrauchten Serienmotorrad, das zunächst in seine Einzelteile zerlegt wird. Doch Perewitz belässt den Motor im Rahmen. Dieser wird gereckt, der Tank wird gestreckt, und es kommen neue Räder und Schutzbleche hinzu. Dann kommen noch neue Bremsen und etwas Chrom hier und dort. Seit fast alle Facelift-Projekte mit Harley-Davidson Twin-Cam-Modellen beginnen, installiert er auch

einen selbst entwickelten Tuning-Satz, der den Motor auf 95 Kubik-Inch (1557 ccm) und mehr Leistung bringt.

Im Allgemeinen haben Daves Kunden keine vorgefassten Ideen, wie ihr neues Motorrad einmal aussehen soll – wenn es denn anders als der Perewitz-Stil sein soll. Als Maestro hat Perewitz die vollständige kreative Kontrolle. Er will jedoch dem speziellen Kunden durch gutes Zuhören zumindest immer die Richtung entlocken, die er nicht wünscht. »Eines der größten Hindernisse ist – ob du es glaubst oder nicht – das Internet«, sagt Dave. »Da sind diese Kerle, die sich in ihrem Computer Hunderte von Teilen ansehen und eine Liste erstellen. Meistens kann ich darüber nur den Kopf schütteln.«

»Wir haben hier eine feste Regel«, sagt Dave. »Wir hängen nicht an Motorrädern. Wir bauen sie, wir verkaufen sie. Es ist ein Geschäft.« So erzählt Perewitz beispielsweise die Geschichte einer Maschine, die er in den 1980er-Jahren gestaltet hat. »Ich baute einen um fünf Zoll gereckten Ness-Rahmen mit Gummilagerung und Schwinge. Wir verpassten dem Motor einen Doppelvergaser. Ich drehte einen Kopf um, sodass wir zwei vordere Krümmerausgänge hatten. Einen Vergaser ließ ich links und den anderen rechts herausragen.« Es war ein Trendsetter-Design, zu seiner Zeit bahnbrechend. Kürzlich sprach sein Besitzer Dave an, ob er Interesse habe, die Maschine zurückzukaufen. Er betrachtete das Angebot sorgfältig, lehnte dann aber ab, weil er Sorge hatte, dass er sich nicht zurückhalten könnte und es zerlegen und überholen – obwohl er es eigentlich nach dem Kauf eher so konservieren sollte, wie es ist. Damals war es eine Innovation, aber heute nicht mehr. Er wäre wie ein Autor, der sich nicht zurückhalten kann, das umzuschreiben, was er bereits einmal verfasst hat.

In Perewitz' Shop gilt das Motto: Chopper sind für Kinder. Dave sieht nicht sehr viele ältere Leute auf Choppern, außer vielleicht einige Ewiggestrige, die niemals die öligen Schlitten aufgeben würden, welche sie seit Jahren fahren. Er sieht heute auf Choppern eine andere und jüngere Klientel sitzen. Die älteren Fahrer, die für die Wachsstumswelle auf dem Motorradmarkt verantwortlich sind, tendieren zu Maschinen mit mehr Komfort, die mehr im Einklang mit alternden Hintern und schmerzenden Rücken stehen. Doch jüngere Chopperfahrer haben den Markt weiter vergrößert, anstatt nur einen Teil davon an sich zu reißen. Chopper können vielleicht der richtige Katalysator sein, um der Masse älterer Fahrer coole Vibratios und junge Enthusiasten zuzuführen.

Wie Chopper in der Zukunft aussehen werden, können alle nur vermuten. »Chopper sind eine Art von Leidenschaft«, sagt Dave. »Sie werden manchmal populär und dann wieder weniger; aber sie werden immer bei uns bleiben.«

14 Bob Phillip

Treffen mit dem Hexenmeister

I n einer stillen Sackgasse nahe Boca Raton in Süd-Florida lebt ein Künstler, der voller Überraschungen steckt. Seine anmutigen Vasen würden jedem Dekorateur und Kunst-Galeristen Freude machen, doch er baut auch Motorräder, die in der näheren Umgebung für eine Erschütterung der inneren Organe sorgen. Diese erstaunlichen Maschinen entspringen dem Geist eines Mannes, der seit seiner Kindheit als »Wizard« bekannt ist.

Bob Phillip lernte früh, dass Technologie bloß von der Organisation seiner Vorstellungskraft abhängt. Wenn Hammer, Säge, Flex und Schweißgerät nicht ausreichen, sucht er Zuflucht in der Hexerei, um zum Erfolg zu kommen. Einst opferte er das noch schlagende Herz einer nagelneuen Ducati-Sportmaschine den Göttern der Motorrad-Customisierung. Ob man das Ergebnis allerdings einen Chopper nennen darf, ist umstritten.

»Ich würde wahrscheinlich alles einen Chopper nennen, das zerschnitten, zerstückelt, zertrennt, zerschlagen und neu lackiert ist«, sagt Bob mit seiner tiefen und rauen Stimme. »Eine Ansammlung verschiedenster Teile, ob von einem alten Auto oder Motorrad. Selbstverständlich muss eine lange Gabel oder ein unheimlich flacher Lenkkopfwinkel sein; das ist wahrscheinlich das, was ich einen Chopper nenne.« Phillip glaubt, dass ein Chopper weniger das ist, was man sieht, sondern besser dadurch definiert wird, was es dich fühlen lässt. »Es ist schon eine persönlichkeitsverändernde Sache, auf einen Chopper zu steigen«, sagt er.

Phillip kauft selten Teile. »Teile sind für mich ein Problem. Wenn ich welche kaufe, passen sie nicht, oder der Chrom ist schlecht. Deswegen baue ich mir möglichst viele Teile selbst. Es ist mein Name, der auf der Maschine des Kunden steht, wenn sie mit einer Panne am Straßenrand ausrollt – egal, ob es meine Schuld war oder nicht. Also sehe

ich zu, dass es wirklich mein Fehler war, wenn sie liegen bleibt, und nicht der von jemand anderem.«

Phillips Motorräder sind gebaut, um hart rangenommen zu werden. »Ich habe einige nur zum Anschauen gebaut«, sagt er, »aber wenn ich mir ein Motorrad als Kunstwerk ansehe, wie einen an der Wand hängenden Picasso, warum soll ich nicht damit fahren können?«

Phillips Vater Bob Sr. war Manager der Flugzeugfirma Piper Aircraft in Vero Beach, Florida. Sein Sohn wuchs praktisch in der Fabrik auf und lernte seine technischen Fähigkeiten von Leuten, die für seinen Vater arbeiteten.

»Meine Eltern schirmten mich immer ab«, sagt Bob. »Mir wurde dies nicht erlaubt und jenes verboten.« Um ihr neugieriges Kind keine Dummheiten machen zu lassen, bauten sie ihm auf der Veranda ihres Hauses eine eigene Werkstatt. Bob half, den Raum so zu gestalten, dass er bei jedem Wetter an seinen verschiedenen Projekten arbeiten konnte. »Ich ging nicht ins Kino; ich ging nicht wie andere Kinder zum Football.« Stattdessen lernte er, wie man schweißt.

Obwohl seine Eltern Bob Jr. vor Beschäftigungen, die sie als gefährlich erachteten, zu schützen versuchten, hatte sich der Hexenmeister bereits mit 14 Jahren heimlich sein erstes Motorrad beschafft – eine Honda 70, die er bei einem Freund untergebracht hatte und heimlich fuhr. »Sie waren schockiert, als sie es herausbekamen.« Als er 16 Jahre alt war, kaufte Bob seine erste Harley. Davor hatte er immer die »schlimmsten« Fahrräder. Er schnitt sie auf und schweißte sie neu zusammen. Sie waren seine ersten Chopper.

Es ist ein fließender Übergang vom Umbauen von Fahrrädern zum Umbauen von Motorrädern, und schließlich landete Phillip endgültig bei der motorisierten Variante. Während er in einer unabhängigen Mercedes-Benz-Werkstatt in New England arbeitete, baute er zum Spaß Custom-Motorräder. Nachdem er auf jeder Custombike-Show in seinem Bundesstaat Preise abgeräumt hatte, dachte er sich, er könne seine Motorräder auch auf Wettbewerben an der Westküste antreten lassen. Also ging er nach Kalifornien und gewann bei der Del Mar Antique Motorcycle Show auf Anhieb 15 Pokale. »Ich kam, ich stellte sie aus, ich siegte«, sagt der Zauberer. Es folgten Foto-Aufnahmen für Zeitschriften, und er wurde landesweit berühmt.

Zu dieser Zeit entschied sich Phillip, nach Florida zurückzugehen. Die Leute von Easyrider erzählten ihm, dass dies Eddie-Trotta-Revier war, und sie schlugen vor, dass Bob bei Eddie nach einem Job fragen sollte. Dort angekommen, begann er noch am ersten Tag mit der Arbeit. »Ich lernte eine Menge von ihm«, sagt Bob. »Er ist in diesem Geschäft eine Institution. Ich wäre heute nicht so stark, wenn ich nicht bei Eddie Trotta gewesen wäre.«

Bob bezeichnet sich selbst als einen begnadeten Schweißer. »Der WIG-Brenner ist mein Farbpinsel«, sagt er. »Ich kann mit ihm und einem Hammer viele Dinge geschehen lassen.« Er hatte immer eine Begabung, vorauszusehen, wie sich Metall verbiegt. Er sieht seine Maserung. »Ein falscher Hammerschlag, und du hast das Metall zu weit gedehnt, sodass es nie wieder in seine alte Form kommt«, warnt er.

Die Arbeit des Hexenmeisters wird so penibel ausgeführt, dass es schon einmal 37 Stunden dauert, aus einem Klumpen Aluminium einen einzelnen Ansaugtrichter zu formen. Es gibt bei ihm keine CNC-Maschinen. Alles ist Handarbeit – oder »handgeschustert«, wie Bob es nennt. Natürlich gibt es nur wenige Leute, die sich ein Motorrad, in dem so viel Handarbeit und Mühe steckt, leisten können.

»Jeder, der einen Chopper haben will, hat eine schwache Stelle. Wenn jemand zu mir kommt, weil ich ihm ein Motorrad bauen soll, will er sein wie ich. Nicht dass ich cool bin, doch die Leute denken, ich wäre es, weil ich coole Geräte fahre. Und dieser Kunde will aus seiner Schale heraus. Er will am Wochenende ein anderer Mensch sein. Also kommt er am Freitag ganz klein aus seinem Büro. Doch am Samstag sieht er richtig böse aus. Als Nächstes geht es ins Tattoo-Studio. Montag sitzt er wieder in seinem Porsche oder Bentley und fährt ins Büro.«

Phillip sagt, er entwickele eine ganz besondere Beziehung zu seinen Kunden. Er erzählt, wie im Büro seiner Kunden Telefongespräche ablaufen: »Ich muss Mr. Smith sprechen – ich bin seine Frau.« Darauf antwortet dessen Sekretärin, er sei in einer Besprechung und dürfe nicht gestört werden. Oder: »Ich muss Mr. Smith wegen seines Autos sprechen.« Genau das Gleiche – er kann nicht ans Telefon kommen. Doch wenn es Bob Phillip ist, der Mr. Smith wegen seines Motorrades sprechen will: »Warten Sie bitte, Mr. Phillip. Er wird gleich da sein.« Der Kerl kommt an die Leitung, nachdem er seine Besprechung unterbrochen hat – gedämpfte Stimme: »Bob, ich kann jetzt nicht sprechen. Was ist los? Mach, was du tun musst. Ich will dieses Wochenende fahren. Ich rufe dich Samstag an.« So freut Bob sich auf sein nächstes Abenteuer.

Speed Merchant

15 Harold Pontarelli

Pontarellis bescheidener Anspruch

Wenn man hinter sein klassisches Biker-Auftreten schaut – ungebärdiges rotes Haar, langer ausgefranster Bart, farbenprächtige Tätowierungen –, wird man sehen, dass Harold Pontarelli ein netter Kerl ist. Unglücklicherweise kann jedoch ein unkonventionelles Aussehen vorurteilsbehaftete Leute zu grotesken Rückschlüssen führen. Beispielsweise konnte Pontarelli seine einzige Begegnung mit dem Gesetz nur abwenden, weil er beide Arme und Beine nach dem Einschlag in die Windschutzscheibe eines Autos gebrochen hatte.

Ein Fahrzeug war in seine Fahrbahn geschwenkt und hatte ihn frontal mit 90 km/h getroffen. Die unverletzte Fahrerin des Wagens bot ihm eine Serviette an, um das Blut von ihren Polstern fern zu halten. Um die entsetzlichen Schmerzen noch zu verstärken, drohte ihm die inzwischen herbeigeeilte Polizei mit Arrest. Da er deutlich als Outlaw-Biker zu erkennen war, vermuteten die Polizisten einfach, dass er der Schuldige war. Vielleicht nahmen sie an, dass er das Auto auf die harte Art knacken wollte. Trotz der Tatsache, dass er sich bereits nicht mehr bewegen konnte und sein Motorrad ein Motorhauben-Ornament war, wurden ihm nur deshalb keine Handschellen angelegt, weil unnachgiebige Sanitäter die Übergabe ihres Patienten in polizeiliches Gewahrsam ablehnten.

Wie die meisten seiner Kollegen, die die dünne Luft der Custombike-Erbauer (oder auch nur die Lackdämpfe) atmen, ist Harold Pontarelli ein exzentrischer Kerl. Man könnte meinen, dass er möglicherweise arbeitet, weil er es will, und nicht, weil er es muss, obwohl er sich diesbezüglich sehr undeutlich ausdrückt.

Harold wurde 1960 in Santa Monica, Kalifornien, als Kind einer Familie geboren, die – wie er eher mehrdeutig sagt – »in der Baubranche« tätig war. Gefragt, ob er dies näher ausführen könne, meint er nur, dass sie im Hochbau tätig war. »Denk daran: mein Name ist Pontarelli.«

Pontarelli nennt eine Vielzahl von Wegen, einen Chopper bauen zu können, ohne sich selbst auf einen festlegen lassen zu wollen. Die Tatsache, dass jeder eine andere Idee dazu hat, sollte die Kreativität blühen lassen. Soweit es die Pontarelli-Art des Chopper-Designs betrifft, muss ein Chopper nur großartig sein.

Er will nicht unterschreiben, dass ein Chopper unbedingt eine lange Gabel haben muss. Nicht mal in den alten Zeiten der gekürzten Schutzbleche und gekappten Rahmen wurde es als notwendig erachtet, die Front verlängern zu müssen, erklärt er. Pontarelli behauptet, dass viele 1970er-Jahre-Chopper im Großraum San Francisco tatsächlich kurze Gabeln hatten. Sein Vater besaß eine sehr lange Maschine mit einer um einen halben Meter verlängerten Gabel. »Vielleicht waren es auch 75 Zentimeter!«, sagt er nachdenklich. Auf jeden Fall war es viel – selbst zur damaligen Zeit.

Die Sorte von Choppern, die sein Vater und dessen Freunde besaßen, waren so brutal, dass sie praktisch nur mit einem strammen Nierengurt und auf absolut geraden Straßen gefahren werden konnten. Schließlich gingen sie den Weg der Dinosaurier. Der Chopper seines Vaters ist längst verschwunden, doch der Chopper, der damals die Aufmerksamkeit des heranwachsenden Teenagers erregte, steht jetzt unter einer dicken Staubschicht in der Ecke seines Geschäfts. Nach heutigem Standard ist es eine sehr seltsam aussehende Maschine. Jedes Teil, das heute poliert oder verchromt wäre, war mit echtem Blattgold belegt. Im Jahre 1974 von einem sehr jungen Ron Simms gebaut, verfügt die Maschine über einen turbogeladenen Ironhead-Sportstermotor, eine Springer-Gabel, einen plüschigen Sitz und eine Menge kunstvoll in den Lack eingravierter Schnörkel. Ein Gemisch aus Glück und Schicksal brachte die Maschine zurück in Harolds Leben. Sechs Monate vor der Geburt seines Sohns fragte ihn ein Freund, ob er interessiert sei, sich eine ziemlich ungewöhnliche Sportster anzusehen. Und siehe da: Es war dasselbe Motorrad, das er als Heranwachsender bewundert hatte. Sein Freund konnte nicht widerstehen, ihm dieses Relikt zum Geschenk zu machen; so kann er es für seinen Sohn restaurieren, damit dieser es eines Tages fahren kann.

Pontarellis größtes Ärgernis ist ein Kunde, der den hohen Grad der Verehrung und die aufreibende Arbeit, die in der Kreation eines Custombikes steckt, nicht respektiert. Er fühlt sich von denjenigen beleidigt, die künstlerische Arbeit als reines Statussymbol behandeln. Ein Ignorant übernahm einen nagelneuen mit Pontarelli-Teilen und -Lack geschmückten Custom-Schlitten und zog noch auf dem Parkplatz einen schwarzen Strich. Er hat nichts dagegen, dass man sich zeigt, doch dies war für die Sorte Motorrad, die Harold für den Kerl gebaut hatte, nicht der richtige Einsatz. Er schlingerte über den Asphalt, schleuderte gegen den Bordstein und landete schließlich hart auf dem Hinterradschutzblech und den Satteltaschen. Dies war das Ende der Beziehung. Dann fragte der Fahrer auch noch: »Kannst du es reparieren?« »Nein, ich bin fertig«, antwortete der Maestro. »Mit dir bin ich fertig!«

Während Pontarelli eine Vorliebe für reichlich Pferdestärken und Baumstumpfausreißendes Drehmoment hat, hält er sich bei Choppern damit zurück. »Ich liebe es, wirklich starke Motoren zu bauen, aber ich versuche nicht, ein wirklich kraftvolles Aggregat in einen Chopper zu verpflanzen, weil dieser sich sowieso schon schlecht handhaben lässt. Je schneller du fährst, desto mehr kommst du damit in Schwulitäten. Ich mag es, exotische Motoren mit Kompressoren und Turboladern zu bauen, aber sie passen nicht wirklich zu einem Chopper.«

Modetrends kommen und gehen auch bei Motorrädern. Als Harold gerade 14 Jahre alt war, baute er eine um 20 Zentimeter verlängerte Panhead-Springer. Er hatte bereits entschieden, dass die lange Maschine seines Vaters passé war, also war dies sein erster Versuch, alte mit neuen Ideen zu verbinden und daraus etwas Eigenes zu machen.

Als Pontarelli Ende der 1980er-Jahre seine professionelle Tätigkeit begann, rief der Markt vor allem nach Retro-Bikes mit fetten Vorderreifen und reichlich Blech. Der Bau von Schönheitspreis-verdächtigen Maschinen dieser Art brachte ihm Arbeit, aber er erinnerte sich an die Chopper, die Kollegen wie Pat Kennedy und Eddie Trotta weiterhin bauten. Pontarelli glaubt, dass Trotta die Wiedergeburt der langen Gabel ausgelöst hat. Sowohl Kennedy als auch Trotta haben über all die Jahre an den wahren Chopper-Ethos geglaubt und seine Wurzeln niemals verlassen. Harold bewundert ihren Stil. Schließlich entschied er sich ebenfalls zum Bau klassischer Chopper – und dies hat er seitdem nicht wieder aufgegeben. Seine Maschinen gehören heute zu den heißesten der Welt.

Pontarelli baut nur Einzelanfertigungen, die auch fahrbar sind. Er will nichts kopieren, was es in der Vergangenheit bereits gab. Somit kann man ihm vertrauen, dass das Motorrad, welches er für einen gebaut hat, das Einzige dieser Art auf der ganzen Welt ist. Er lackiert sie selbst, weswegen man ihn niemals darum bitten sollte, seinen Chopper schwarz zu lackieren. Schwarze Chopper passen nicht in Pontarellis ästhetische Visionen, für die ihn die Kunden schließlich bezahlen. Er nimmt ihr Geld, und er gibt ihnen ein unglaubliches Motorrad. Und wenn sie sich auch vielleicht dadurch ruinieren, so sind sie trotzdem dabei sehr glücklich.

Toxic Green

16 Ron Simms

Der Schläger

Nach einer über dreißigjährigen Tätigkeit als Custombike-Konstrukteur leitet Ron Simms inzwischen ein kleines Imperium. Er sagt, er lüge niemanden an – außer die Polizei. Seine Stimme ist rau und seine Sprache ist hart. Und in der Nähe seines Ladens in Hayward, Kalifornien, halten sich immer einige Hell's Angels auf. Er hat sich den Namen »Thug« (Rowdy, Schläger) für die großvolumigen Motoren in seinen riesigen Motorrädern schützen lassen. Außer bei seinen Lackierarbeiten sieht er die Welt in schwarz und weiß und hat nur wenig Sinn für Nuancen.

Simms, der in der Nähe der San Francisco-Bay aufwuchs, sagt: »In dieser Gegend waren Motorräder immer eine gängige Sache. Aus irgendwelchen Gründen sind sie hier nichts Ungewöhnliches.«

Die Motorradszene des Großraums San Francisco hat Simms fasziniert seit er denken kann. Im Alter von sechs oder sieben Jahren wurde Ron von der Komplexität einer Knucklehead fasziniert. Als er zwölf war, stand hinter dem Haus seiner Familie eine klapprige Indian Chief, und Ron hätte alles gegeben, um dieses Motorrad fahren zu können. Er saß stundenlang darauf und tat so, als würde er fahren – mit Schalten und imitierten Motorgeräuschen. Kurz bevor ihn Mitte der 1960er-Jahre der Motorrad-Bazillus wirklich befiel, wurde er von einem Freund ins Angels Camp, eine Geisterstadt in Calaveras County, gebracht. Die beiden Teenager wollten sich die hübschen Mädchen ansehen, die dort mit älteren Kerlen herumhingen, die »Digger« fuhren. Sie sahen ruppig aus – die Kerle und die Motorräder – und sie wirkten auf die Highschool-Boys ziemlich einschüchternd. Ron und sein Kumpel verhielten sich ruhig; sie gingen einfach umher und peilten die Lage. Sie entdeckten, dass sie mehr Zeit mit dem Anschauen der Motorräder verbrachten als mit den Mädchen. Die Biker stellten sich als ganz umgänglich heraus, und sie sprachen mit den Jungen, wobei sie ihnen erklärten, wie sie ihre Motorräder umgebaut hatten. Diese Erfahrung hinterließ bei Ron einen bleibenden Eindruck.

Simms ist ein technisches Naturtalent – er kann mit etwas Handwerkszeug, einer Flex und einer Bohrmaschine einfach alles hinkriegen – und somit wurde er bald zur Anlaufstelle für die örtlichen Biker. Wenn er ein Distanzstück brauchte, nahm er ein Rohr, sägte es ab und bohrte es entsprechend auf. So wurde es seinerzeit gemacht.

Doch er verbrachte nicht seine ganze Zeit in der Garage. Ron wollte auch fahren. Irgendwann begann er, einen alten Schrotthaufen für sich selbst aufzubauen. Er brachte ihn zum Laufen und restaurierte ihn komplett. Dann lackierte er ihn in Perlmutt-weiß mit bonbonroten Flammen, was damals eine echte Neuheit darstellte. Irgendjemand machte ihm dafür ein so gutes Angebot, dass er es nicht ausschlagen konnte: den doppelten Preis einer neuen Harley-Davidson! Diese kosteten seinerzeit etwa 1800 Dollar. Durch diesen finanziellen Erfolg motiviert, begann er mit dem Sammeln von Harley-Wracks, und bald hatte er eine Garage voller Maschinen zu verkaufen.

Simms investierte seinen neuen Reichtum in ein Haus mit einer größeren Garage, sodass er an mehr als einem Motorrad zurzeit arbeiten konnte. Er baute serienmäßige Big-Twins und Sportster in Chopper mit kurzen Gabeln und langen Rahmen um. Ähnlich wie Arlen Ness verzierte er zu jener Zeit die Maschinen stark mit Blattgold statt Chrom, einer Menge Gravuren, plüschigen Sitzen, Sissy-Bars und stark modifizierten Motoren. Dies war der Inbegriff des East-Bay-Stils. Im Jahre 1972 war Ron in der Lage, ein kleines Gebäude zu kaufen, das einst eine Harley-Davidson-Vertretung beherbergte.

Wenn man Ron Simms fragt, was ein Chopper ist, sagt er, dass das erste Custom-Motorrad tatsächlich ein Chopper war, und dass so alles begann. »Für mich steht der Chopper mehr für das Design alter Schule als für das heutige.« Dies ist sein persönlicher Geschmack. Eine weitere Unterscheidung macht er, indem er sagt, die neueren Designs seien »Retro-Chopper, keine Chopper«. Ron sagt weiter: »Der Chopper-Stil ist niemals wirklich verschwunden. Für viele Leute blieb er die Hauptstütze. So mancher, der schon vor 30 Jahren Chopper gebaut hat, tut dies heute noch fast genauso. Vielleicht etwas länger und flacher, oder fetter. Was auch immer!«

Für Simms passt es gut, dass die »alte Schule« heute wieder aktuell ist. Er baut wieder Maschinen mit altmodischer Handschaltung, weil die Kundschaft dies wünscht. Allerdings verbaut er auch hydraulische Kupplungen, breite Hinterräder und Motoren mit fast zwei Litern Hubraum. Er hat nichts gegen Technologie.

Was sich an den Choppern geändert hat, sind nicht so sehr die Motorräder als vielmehr deren Wahrnehmung. Simms erinnert sich: »Was viele jüngere Leute heute nicht verstehen können ist, dass wir noch vor zehn Jahren unsere Maschinen in bestimmten Stadtteilen von Los Angeles, insbesondere Hollywood und Beverly Hills, tatsächlich nicht fahren konnten. Wenn wir nur in die Nähe gekommen wären, hätte man uns verhaftet. Heute zeigen wir Shows auf dem Rodeo Drive.«

Es gibt einige Chopper-Bauer, mit denen Simms eine Freundschaft pflegt, aber es herrscht immer ein gewisses Konkurrenzdenken. »Und jeder, der sagt, dass dies nicht

stimmt, ist ein Lügner«, erklärt Simms. »Sie sind Freunde von mir, die im gleichen Geschäft tätig sind. Wir konkurrieren irgendwie. Wenn mir zum Beispiel jemand – nehmen wir Eddie Trotta – sagt, er mache gerade dieses oder jenes, antworte ich: ›Nun, das habe ich schon vor acht Jahren gemacht.‹ So geht es immer darum, dem anderen eine Nasenlänge voraus zu sein.«

Simms ist definitiv ein Konkurrent. Er will immer etwas schnellere Motorräder bauen als alle anderen. »Vielleicht auch etwas auffälliger«, fügt er hinzu.

Ein durchlaufendes Thema bei Simms – es ist auf vielen seiner Teile zu finden – ist das Symbol des Doppel-S-Blitzes. Hierzu erklärt er rasch, dass dies nichts mit den SS-Truppen der Nazis zu tun habe. Die Blitze würden auf Hawaii seit langer Zeit mit der Surf-Kultur in Verbindung gebracht – und diese repräsentierten sie auch an Simms' Choppern.

Simms will, dass die Leute auf seine Motorräder achten. Seine Kunden bezahlen ihm riesige Summen, weil sie wollen, dass andere sie anschauen. Die gesamte Erfahrung beim Fahren eines Simms-Choppers ist ein Schlag in gewöhnliche menschliche Empfindlichkeiten. Simms behauptet, dass jeder ein Simms-Motorrad bereits am Sound erkennen kann, der von seinem selbst konstruierten Thug-Motor durch den geschwungenen Auspuff geblasen wird.

Simms sagt: »Ich denke immer auf progressive Art.« Die Pläne für sein nächstes Projekt liegen in seinem Kopf bereits vor, wenn die Reifen des aktuell gebauten Choppers noch nicht den Boden berührt haben. »Wenn ich jemals das perfekte Motorrad baue, werde ich es für immer behalten und mit dem Chopperbau aufhören«, sagt Simms. »Aber ich werde niemals das perfekte Motorrad bauen. Also werde ich immer weitermachen.«

Gold Sporty

Shark

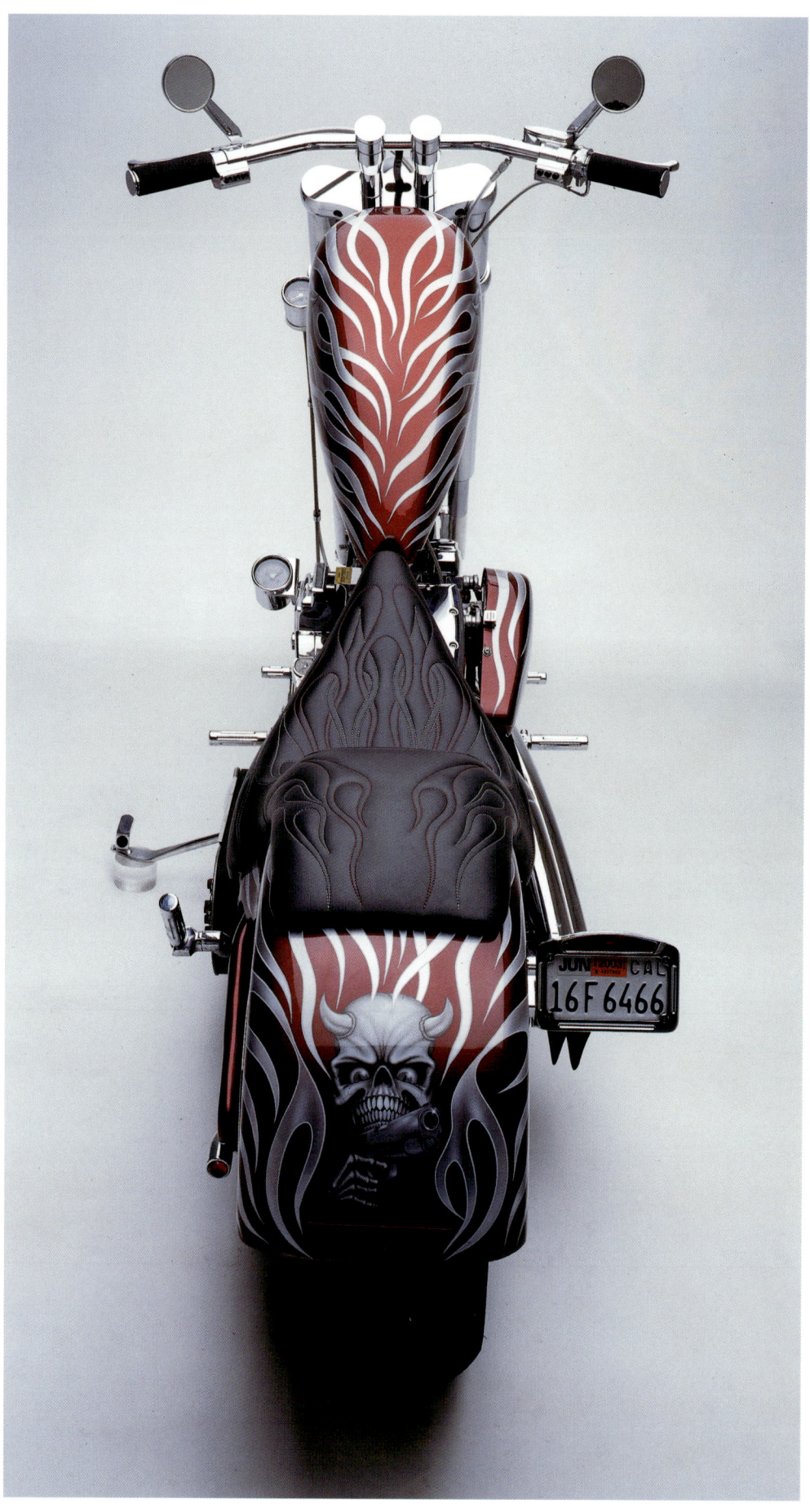

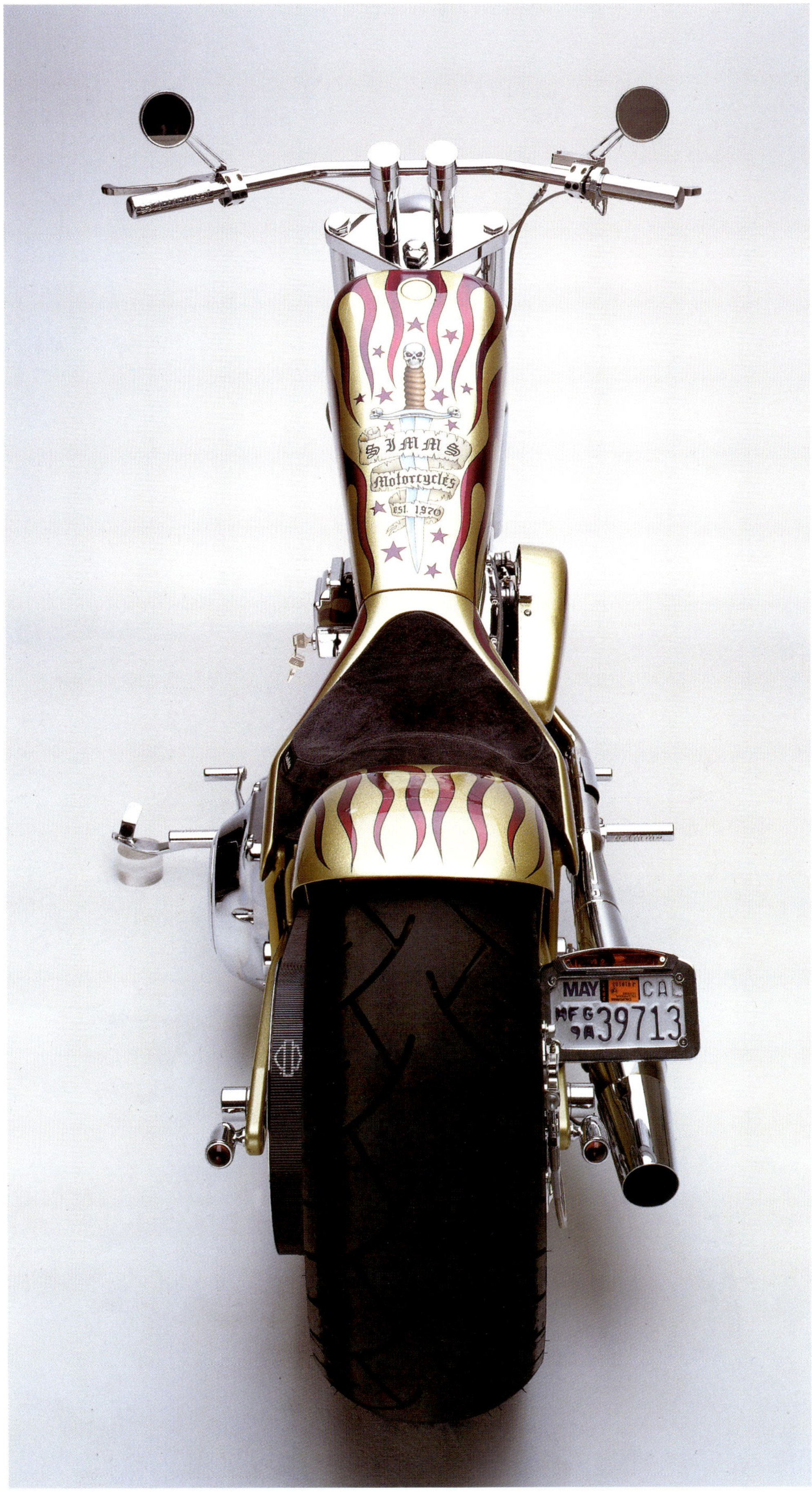

Fuck Luck

17 Donnie Smith

Der Junge vom Lande

Motorrad fahren ist eines der letzten Dinge, die man machen kann, um sich selbst einen Hauch von Outlaw zu verpassen«, sagt Donnie Smith. »Wir sind wirklich Cowboys auf Rädern. Es geht darum, frei zu sein. Selbst wenn du in einer Gruppe fährst, ist es schwierig, sich bei 100 bis 120 Kilometer pro Stunde zu unterhalten. Du bist auf dich alleine gestellt.«

Geboren im Frühjahr 1942 in Donnelly, einem Kaff mit 300 Seelen im westlichen Minnesota, wuchs Smith auf der Milchfarm seiner Eltern auf. Nach seinem Highschool-Abschluss wusste Donnie, dass er mit Dragstern Rennen und nicht mit Traktoren über den Acker fahren wollte – also ging er in die nächste Großstadt: St. Paul.

Donnies erste Erfahrungen mit Motorrädern hatten ihn misstrauisch gemacht. Als er 16 Jahre alt war, setzte er sich auf die Panhead-Harley eines Freundes – und fuhr sie direkt gegen den Bordstein. Es war doch etwas schwieriger als er erwartet hatte. Dann bot ihm Onkel Elwood eine Fahrt mit seiner frisierten Sportster an – »einem wirklich starken Motorrad«, erinnert sich Smith. Donnie fuhr damit bis zur nächsten Kurve der nassen Kopfsteinpflasterstraße, kehrte um, kam zurück und wendete erneut. Das ging gar nicht so schlecht, also fuhr Donnie die Straße erneut hinunter, um wieder umzudrehen. »Aber der Motor verschluckte sich, und ich gab mehr Gas.« Die Maschine schob los, und Donnie hielt sich fest, als ob es um sein Leben ging. Es hüpfte über den Bordstein und traf eine Stützmauer mit einem Drahtzaun, der sich im Gasbowdenzug verfing. Donnie wurde einige schmerzhafte Meter über den Randstreifen gezogen. Er blieb mit seinem Bein in einem Himbeerbusch hängen – und schwor erst einmal den Motorrädern ab.

Ein paar Jahre später bot ihm an einem winterlichen Tag ein Freund eine Fahrt auf seiner Triumph an. »Du kannst dich nicht verletzen«, sagte der Freund. »Wenn du herunterfällst, schützen dich 20 Zentimeter Schnee.«

Die Triumph fühlte sich gut an. »Donnerwetter«, dachte Donnie. »Es ist gar nicht so schlecht.« Schon bald zischte er die Straße rauf und runter. Nichts passierte! Kurz darauf fand Donnie eine ein Jahr alte Triumph, die er am 31. Januar 1964 kaufte. Von jetzt an wollten er und seine Freunde an jedem Tag, der eisfreie Straßen versprach, nur noch fahren. Im Sommer dieses ersten Jahres hatte er bereits 16000 km auf seiner eigenen Triumph abgespult. »Wir fuhren die Dinger nicht nur«, erinnert er sich heute. »Wir lebten auf ihnen.«

Als Smith 1970 aus der Armee entlassen wurde, hatte gerade Easy Rider die Kinos erobert. Dies war der Zünder, der die Chopper-Bombe zur Explosion brachte. Bereits zuvor gab es welche, aber sie beschränkten sich auf die Kultur der One-Percenter. Jetzt hatten sie den kulturellen Mainstream erreicht.

Donnie eröffnete zusammen mit seinem Bruder und einem Freund einen Autoteilehandel. Eines Tages kam sein Onkel Elwood mit einem Motorradrahmen an, den er gereckt haben wollte. An einem Sonntagnachmittag zerschnitt Donnie den Rahmen und schweißte ihn wieder zusammen. Das modische gestreckte Motorrad beeindruckte andere Fahrer in der Umgebung. Bald wurden in der Werkstatt Motorradrahmen umgebaut, und schon bald folgte der Bau kompletter Custom-Motorräder.

Sie druckten ihre ersten Geschäftskarten im Jahre 1971. Der Laden expandierte, und innerhalb weniger Jahre kamen 15 Angestellte hinzu.

Donnie wurde in Sturgis und auf anderen Treffen Stammgast. Er lernte andere Chopper-Bauer kennen und schloss Freundschaft mit Arlen Ness und Dave Perewitz. Wie seine »Hamster«-Freunde genießt Smith das Fahren immer noch mehr als das Bauen. Kürzlich fuhr er zusammen mit Dave Perewitz und Billy Lane die weite Strecke von Florida nach Texas – der Fernsehsender Discovery Channel dokumentierte die Fahrt.

Wenn ein typischer Harley-Besitzer damit fertig ist, jedes denkbare Teil, das er finden kann, an seine Maschine zu schrauben, und er dann findet, dass sein Motorrad immer noch zu sehr allen anderen auf dem Parkplatz ähnelt, »dann kommt er zu mir!«, flüstert Smith und simuliert ein gieriges Grinsen. »Wir zersägen den Rahmen, recken ihn ein bisschen, strecken den Tank, machen irgendwas mit den Schutzblechen, und tragen eine wilde Lackierung auf.«

Im Hinblick auf den individuellen Stil sagt Donnie: »Jeder [seiner besten Kollegen] hat seine eigenen Stärken. Die Leute sagen mir, dass meine Maschinen immer wie angegossen passen.« Dies hört er auch regelmäßig von Zeitschriften-Redakteuren. Wie für jeden guten Chopper-Schmied sind Linien für Smith sehr wichtig, doch das zusätzliche Erreichen der korrekten Proportionen oder der passenden Größe ist lebenswichtig. An einem Donnie-Smith-Motorrad ist kein Bauteil zu groß oder zu klein, zu lang oder zu breit. Smith versucht, plötzliche Unterbrechungen zu vermeiden. »Ein kleiner Punkt kann deine Augen von jedem fließenden Bogen und jeder Materialstruktur ablenken. Es gibt an meinen Motorrädern eine ganz bestimmte Linie, die mich zu dem gemacht hat, was ich bin.«

»Bis zu einem gewissen Punkt«, sagt Smith, der seine Worte sorgfältig auswählt, »würde ich mich als Künstler betrachten.« Er macht keinen großen Unterschied zwischen Stil und Kunst, und er verherrlicht sein Handwerk nicht. Donnie ist ehrlich, wenn er von seinem unausgereiften Kunstverständnis spricht: »Ich weiß absolut nichts über Picasso. Ich komme da nicht rein.« Aber er kennt sich mit Choppern aus. Er glaubt, dass ein Bike, dessen Kanten nicht gut entgratet sind, keinen hohen Preis wert ist.

»Es kommt immer darauf an, was wir machen«, sagt Donnie. »Irgendjemand könnte sich eines meiner Motorräder ansehen und sagen, es sei zerbrechlich, es sei ein Trailer-Bike, das man nicht auf der Straße fahren könne. Nun, wir benutzen sie und fahren sie. Wir fahren sie ständig. Darüber hat jeder seine eigene Meinung. Aber ich denke, dass in dieser Szene jeder das respektiert, was andere tun.«

Nach den jungen Kollegen gefragt, deren Haltung durchblicken lässt, dass sie den Chopper neu erfunden haben, sagt Donnie: »Wie bitte? Chopper gab es schon, als viele dieser Kerle noch in die Windeln machten.« Donnie beansprucht nicht für sich, selbst einer der Begründer gewesen zu sein, doch er hat sicherlich einen Beitrag zu seiner stilistischen Evolution und der künstlerischen Gestaltung beigetragen. »Auch diese Kerle helfen ihm weiter«, sagt er, »aber sie machen nichts Neues. Sie wärmen nur alte Suppe wieder auf.«

Smith fühlt sich mit seinen Freunden aus der Motorradbranche am wohlsten. »Es ist ein interessanter Sport. Ich bin stolz, ein Teil davon zu sein.« Er genießt die Ausflüge zusammen mit den »Hamstern« zu seinen Lieblingsplätzen in den ganzen USA. Donnie hat beim Motorradfahren nur eine Abneigung: Er mag keine schwarze Kleidung. Er glaubt, dass das Tragen schwarzer Lederkleidung, wie es viele Fahrer tun, ihnen eine abweisende Ausstrahlung gibt. Er selbst hat viel zu viel Spaß, um abweisend wirken zu können.

Obwohl er inzwischen graue Haare hat, ist Donnie Smith immer noch ein direkter, aufrichtiger Kerl, der das Leben liebt wie jeder 18-jährige Junge vom Lande.

Rednet Rocket

18 Die Teutuls

Alles ist relativ

Reden wir darüber, wie es ist, in die Fußstapfen seines Vater zu treten! Paul Teutul Jr. und sein Vater Paul Sr. arbeiten zusammen, sechs Tage die Woche in einem engen Laden, genannt Orange County Choppers. In diesem Orange County im Bundesstaat New York ist die kleine Stadt Rock Tavern die Heimat dieser Großfamilie.

Was als Vater-und-Sohn-Motorradprojekt im Keller von Paul Sr. begann, wurde dank der Berühmtheit, die ihr Debüt beim Biketoberfest in Daytona Beach im Jahre 1999 erlangte, rasch zu einem boomenden Unternehmen. Aufträge für Custom-Chopper trafen dutzendfach ein, und so wurde noch im gleichen Jahr OCC gegründet.

Geboren 1949 in Yonkers, New York, überlebte Paul Sr. so manche »schlechte Zeit«, wie seine vage Beschreibung des Kampfes mit verschiedenen Drogen lautet, bevor er mit der Herstellung von schmiedeeisernen Installationen für Hausbesitzer begann. Noch als Twen zog er von Brooklyn in den Orange County und gründete eine Familie. Paul Jr., das älteste der vier Kinder, kam 1974 zur Welt.

Als er in den frühen 1970ern noch in Brooklyn lebte, besaß Paul Sr. eine Triumph. Er beobachtete seine Kumpel, wie sie ihre gechoppten Harleys zerlegten, die Rahmen reckten, aus Blechen Tanks und Schutzbleche dengelten, ihre Motoren frisierten und dann alles wieder zusammensetzten, und er war inspiriert.

Paul besitzt immer noch jene 1974er Harley, die er einst neu gekauft hat. »Pauly« Jr. beobachtete in seiner Kindheit seinen Vater, wie dieser an jener Shovelhead »mechanische Magie« ausführte. Wie der Vater, so der Sohn: Des jungen Teutuls Interesse entwickelte sich synchron zu seinem alten Herrn. Der Vater erkannte das Talent des Kindes, und als Pauly alt genug zum Selbstfahren war, begannen sie gemeinsam an Motorrädern zu arbeiten. »Ich fing bereits früh mit Metall-Arbeiten an, das übt«, sagt Pauly.

Was den OCC-Stil besonders interessant macht, ist ihre Fokussierung auf thematische Interpretationen. Themen-Bikes machten OCC bekannt – und brachten die Firma

ins Fernsehen. Die Teutuls und OCC werden in einer wöchentlichen TV-Serie des Discovery-Channels namens American Chopper gezeigt. Die Teutuls kreieren ihre eigenständigen Maschinen, um an ein besonders wichtiges Thema in der öffentlichen Debatte zu erinnern. Sie bauten einen Chopper, der wie ein Kampfflugzeug aussieht und an den Krieg in Afghanistan mahnt. Ein anderes Motorrad ähnelt einem Löschzug, was einen Tribut an die am 11. September 2001 umgekommenen Feuerwehrmänner darstellt.

Wenn es um Themen-Chopper geht, gibt Pauly zu, »geht es definitiv mehr um das Aussehen als um die Funktion.« Trotzdem baut er Chopper, die sowohl gut aussehen als auch gut fahren. »Es gibt bei Choppern einen Aspekt, der die Form über die Funktion stellt. Du musst einen guten Mittelweg finden.« Paul und Pauly finden beide, dass die Chopper, die sie bauen, sich auch auf der Straße gut verhalten müssen. Optik ist nicht alles. OCC-Chopper »müssen in der Lage sein, so hart in die Kurve zu gehen, wie man es von einem Motorrad erwartet. Sie müssen sich komfortabel lenken lassen und es darf nichts brechen oder abfallen«, erklärt Pauly.

Laut Pauly wird aus einem Motorrad nur dann Kunst, wenn jeder Aspekt ein eigenes und präzises Design-Statement ist. Er glaubt nicht, dass das Anschrauben einer Ansammlung themenrelevanter Teile aus einem Motorrad einen ernsthaften Chopper macht. Jedes Teil muss von Grund auf konstruiert werden, damit es mit anderen zusammenarbeiten kann, um ein kreatives Ziel zu erreichen.

Paul sagt: »Du kannst kein Motorrad aus einem Katalog bauen und es Custom-Bike nennen.«

»Die Wahrheit ist: Du kannst es!«, widerspricht sein Sohn. »Du kannst all die Teile kaufen und einen wirklich hübschen Chopper bauen. Wenn du eine Menge Geld hast, kannst du einen echt schönen Chopper zusammenstellen, aber die finanzierbare Hürde dafür ist wirklich hoch. Wen willst du fragen, was ein Custom-Bike ist?«

Für die Zukunft sagt Pauly voraus, dass technologische Innovation beim Chopper-Design eine wachsende Rolle spielen wird. Er freut sich darauf, Raumfahrt-Material sowohl für Antriebs-Komponenten wie auch die strukturellen und ästhetischen Bauteile zukünftiger Motorräder verwenden zu können.

In Teutuls Gegend haben sie eine nachsichtige Polizei, wenn es ums Fahren wirklich schöner Chopper geht. »Wir haben alle Regeln gebrochen – großartig!«, sagt Paul, der sich erinnert, dass sie vor nicht allzu langer Zeit vorgeblich wegen einer Geschwindigkeitsübertretung angehalten wurden, aber bald merkten, dass der Polizist sich nur das Motorrad ansehen wollte. Paul meint: »Der Cop war so verwirrt, dass er nur sagte ›Wisst ihr was? Ich denke, ihr Jungs solltet besser abhauen, denn wir werden hier eine Weile verbringen, wenn ich erst anfange, Strafzettel zu schreiben.‹ Da freut man sich doch mal. Schließlich fahren wir auch nicht betrunken oder brechen andere Gesetze.«

Und wie es oft der Fall bei meisterhaften Motorradbauern ist, wird die Zeit zum Fahren knapp. Doch Vater und Sohn versuchen, so oft wie möglich eine Runde zu fahren. Sie haben nur wenig Zeit für Hobbys. »Wenn ich nicht arbeite, und es draußen schön ist, gehe ich golfen«, merkt der Jüngere an.

Der Senior genießt das Gewichtheben im Fitness-Studio. »Ich spiele kein Golf!«, ereifert sich der Alt-Biker.

»Sorry, kein Tattoo, kein Piercing.« Pauly zeigt auf sich selbst und dann auf die interessanten Illustrationen auf den kräftigen Armen seines Vaters.

Das Arbeiten mit seinem älteren Herrn ist ein »höllischer Alptraum von Tod und Zerstörung«, meint Pauly trocken. Etwas ernsthafter sagt er: »Weißt du, es ist schon hart; nicht wie die Arbeit mit irgendjemand anderem, mit dem du außerhalb des Jobs keine Verbindung hast. Es ist unmöglich, die Arbeitsbeziehung von der persönlichen Beziehung zu trennen.« Die Teutuls verbringen fast den gesamten Tag mit gemeinsamer Arbeit, und sie haben oft gemeinsame Termine. Hinzu kommt die Tatsache, dass sie monatelang jeden Tag von morgens um neun bis nachmittags um fünf ein dreiköpfiges Kamerateam bei sich hatten. Das ist wirklich hart.

Paul sagt: »Es gibt Zeiten, in denen ich mir lieber Nadeln in die Augen stecken möchte, als mit Pauly zusammen zu sein. Es gibt Probleme, die gehen nicht einfach weg, bloß weil du jetzt zusammen an der Werkbank stehst.« Okay, das war für den Interviewer und die Fernsehkamera. Aber lasst euch gesagt sein, dass diese beiden Kerle sich sehr mögen. Paul Sr. sagt: »Wir sind ein Paar, das jederzeit ein Full House schlagen kann.«

Jet Bike

Trim Spa

Black Widow

19 Eddie Trotta

Der schnelle Eddie

Im Hinblick auf das Wesentliche des Choppers findet Eddie Trotta: »Einige Leute haben eine andere Theorie darüber – für sie ist es jede Art von umgebauten Motorrädern. Doch für mich muss ein Chopper ein lang gestrecktes Motorrad sein.« Trotta glaubt, »es ist besser, es sieht gut aus, als dass es sich gut anfühlt!«

Trotta ist immer dem langen Bike treu geblieben. »Ich habe immer an Chopper geglaubt. Ich kann es beweisen«, sagt er mit einem Augenzwinkern. »Wenn du dir einige der Motorräder ansiehst, die ich in den frühen 1990ern gebaut habe, bevor alle wieder im Chopper-Trend lagen, siehst du, dass ich gestreckte Softails gebaut habe. Nicht übermäßig gestreckt, aber ihre Gabelrohre waren 10 bis 15 Zentimeter länger.« Der in den 1980ern und 1990ern vorherrschende Trend sah für Trotta »etwas pummelig« aus. Er hasste es, breite Schlägertypen mit etwas die Straße entlangfahren zu sehen, was wie »kleine Mini-Bikes« aussieht. Trotta findet auch, dass es besser aussieht, wenn jemand in einem Motorrad sitzt, als wenn er oben drauf thront. Er mag es, den Sitz niedrig zu halten und den Tank so hoch zu bringen, dass der Fahrer dahinter Platz nehmen kann. Wenn du gerade auf einem Stuhl sitzt und Arme und Beine ausstreckst, »ist dies genau so, wie es sein sollte«, sagt Trotta.

Trotta bezweifelt die These, dass lange Motorräder in Kalifornien entstanden. »Ich kann mich an die frühen 1960er-Jahre erinnern, damals hatte ein Freund von mir in Connecticut eine transportable Schweißeinrichtung. Auf den Hinterhöfen streckten wir damit Rahmen.« Eddie war zwölf oder 13 Jahre alt. Sein älterer Bruder Art hatte eine alte Knucklehead. »Wir reckten seinen Rahmen jedes Jahr anders; auch den Lenkkopfwinkel veränderten wir mehrmals.« Im Jahre 1966 betrug der Winkel 53°, und die Springer-Gabel war um einen Meter verlängert worden. Zu dieser Zeit wussten die beiden Brüder nichts über Lenkgeometrie. »Wir haben einfach den Rahmen am Lenkkopf abgesägt und sind so lange darauf herumgesprungen, bis er fast waagerecht war. Als wir das aus-

reichend fanden, haben wir ihn wieder angeschweißt. Heutzutage messen wir den Lenkkopfwinkel, den Nachlauf und solche Dinge.«

Trotta hält viel von den Schweden, die einstellbare Gabelbrücken bauten, und die
Ersten waren, die ausprobierten, wie eine simple Geometrieberechnung bei langen
Maschinen die Lenkung verbessert. »Wenn du einen enorm flachen Lenkkopf ohne
irgendein Strecken benutzt«, erklärt Trotta, »wirst du sehr starkes Lenkerflattern be-
kommen, und dein Rad quittiert das Lenken. Aber wenn du an deinen Gabelbrücken den
Winkel änderst....«

Art Trotta fuhr mit einem Motorradclub, der sich »The Slumlords« nannte, durch New
Haven, wo die beiden aufwuchsen. Eddie genoss es, sie zu beobachten, wenn sie auf
ihren Maschinen herandröhnten. »Sie sahen aus wie ein Haufen Irrer. Und ziemlich ver-
rückt waren sie wirklich.« Der junge Trotta fand, dass dies das Coolste überhaupt war. Es
war seine Einführung in die Welt der Motorräder.

Die Brüder und ihre Kumpel fuhren den ganzen Sommer hindurch. Wenn es im
Oktober kälter wurde, bauten sie ihre Maschinen auseinander. Es war undenkbar, den
ganzen Winter ohne Lackierarbeiten, Verchromen oder das Strecken eines Motorrades zu
verbringen. Vielleicht customisierten sie ihre Maschine auch mit einem neuen Tank oder
Schutzblechen, sodass sie in der nächsten Saison ein »neues« Motorrad am Start hatten.

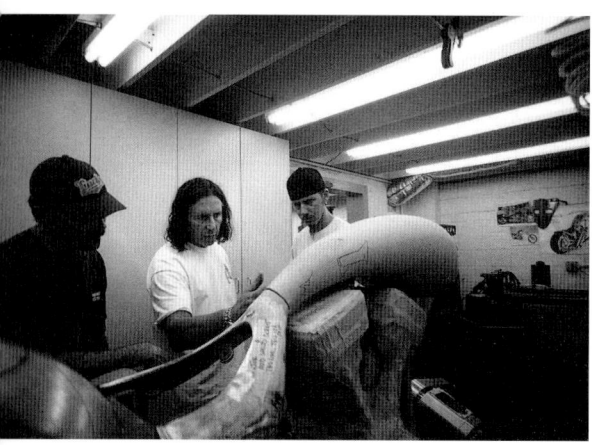

»Als wir eines Nachts unterwegs waren, wurde das Gesicht meines Bruders fast in
zwei Hälften geschnitten. Und als ich 17 war, fiel ich bei hundert Meilen pro Stunde vom
Motorrad. Sie mussten mich vom Asphalt kratzen. Meine Mutter und mein Vater wollten
eine kleine normale Familie haben. Es endete mit zwei Wahnsinnigen.« Eddie denkt
immer noch an diesen Sturz, wenn er auf ein Motorrad steigt. »Ich fahre niemals mehr
vorneweg«, sagt er. »Ich mag es immer noch, eine Maschine hart ranzunehmen –
Burnouts, Wheelies und so weiter. Ich will nur nie wieder 200 km/h fahren. Ich fahre
lieber ruhig, um anzukommen.«

Eddie Trotta nimmt den Bau seiner Motorräder ernst und trägt die Verantwortung für
ihre Qualität. »Bin ich ein Meister-Schmied?« fragt er. »Nein, ich bin ein Hacker, aber
ich bin ein guter Designer.«

230

Trotta mag kraftvolle und gestreckte Motorräder. Oft führt er sie in einem übergroßen Maßstab aus. Er war einer der ersten Designer, die Rahmen aus 1,5 Zoll-Rohr anfertigten. Trotta sagt: »Meine oberste Priorität ist es, sie unzerstörbar zu machen.« Er sagt, wenn man an manchen Showbikes die Anbauteile und den Lack über Bord wirft, und sich dann die riesigen Hubräume mancher Motoren ansieht, kann man vermuten, dass die Fahrwerke die ersten 10 000 Meilen nicht überstehen werden. Anders ist es bei Maschinen, die mehr für den Straßeneinsatz gebaut wurden. Der Trick ist, die Dinge einfach zu halten, aber trotzdem gut aussehen zu lassen.

Trotta mag die Arbeiten anderer Chopper-Bauer. »Ich war immer ein Fan von Pat Kennedy, Ron Simms und Arlen Ness. In New York gibt es einen Kerl namens Mike Pugliesi. Nur wenige kennen ihn. Er baut pro Jahr ein Motorrad.«

Wenn er von ihren Techniken und ihrer Kreativität beeindruckt ist, unterstützt Eddie unabhängige Hersteller hier und dort mit Teilen und Tipps. Er genießt es, ein Mentor zu sein. »Ich war immer ein frustrierter Künstler«, sagt Eddie. »Ich habe mir immer gewünscht, ich könnte zeichnen oder malen. Ich bin auch ein frustrierter Fotograf; ich nehme meine Kataloge und andere Dinge immer selbst auf.«

Eddies erste professionelle Ambitionen hatten nichts mit Motorrädern zu tun. Er wollte Musiker werden. Mit fünf Jahren nahm er Klavierstunden. Er besuchte die berühmte Berklee School of Music in Boston. Er traf und hörte viele talentierte Musiker und träumte davon, ihre Fähigkeiten und ihren Erfolg zu erreichen. Doch nach Jahren harter Arbeit rangen viele von ihnen immer noch um finanzielle Sicherheit. Dann stellte er sich die Frage, ob es wirklich klug sei, jahrzehntelanges Training dafür zu verschwenden, um »mit dem Bus zur Arbeit zu fahren und eine Schulklasse zu unterrichten«, wenn nicht alles wie gewünscht liefe. Die Aussicht, den ganzen Tag zu unterrichten und die Nächte in Jazz-Clubs aufzutreten, gefiel ihm dann doch nicht.

Trotta zog es vor, eine erfolgreiche Karriere als Gammler in Florida zu beginnen, dann auf Powerboat-Rennen umzusteigen, und schließlich Eigentümer einer Biker-Kneipe zu werden. Während er sich von einer Krebserkrankung erholte, nutzte er die Zeit, um sich seinem Jugend-Hobby, dem Chopper-Bau zu widmen. Trotta kaufte 1991 ein paar Rahmen von einer Firma namens Atlas, und das Chopper-Geschäft kam wirklich ins Rollen. Obwohl er noch einmal gegen den Krebs kämpfen musste, ist Trottas Firma Thunder Cycles heute eine der ersten Adressen weltweit. Da er mit so vielen Anstrengungen Erfolg zu haben scheint, kann man sich leicht vorstellen, dass er auch in der Musikszene noch Erfolg gehabt hätte. Für die Chopper-Fans machte er glücklicherweise einige Umwege, sofern man von der ursprünglichen Planung ausgeht.

Camel Bike '02

20 Paul Yaffe

Zügelloser Enthusiasmus

Eine Vielzahl von Motorrad-Stilrichtungen werden als Chopper bezeichnet. Paul Yaffe, einer der berühmtesten Chopper-Künstler in der Geschichte dieses Genres, weiß, dass es das Wichtigste ist, wie die Motorräder den Fahrer fühlen lassen und wie sie sich zur Vergangenheit verhalten. Yaffe sagt: »Ein Chopper ist ein Vehikel, das eine bestimmte Art von Seele in sich trägt. Es muss eine bestimmte Sorte Feuer entzünden. Du musst ihre Tradition kennen. Es ist ein Sport. Die ganze Idee ist, dass man etwas zuerst bauen und dann fahren muss.«

Yaffes Arbeiten zeigen eine gewisse Nacktheit, die in seinen Worten das Konzept des »weniger ist mehr« illustriert. Seine Motorräder sind von allen Komponenten, die nur Dekorationszwecken dienen, befreit. Er versucht immer wieder einen Weg zu finden, dass ein Bauteil den Job von drei oder vier Komponenten übernimmt.

»Der Bau eines Motorrades von Grund auf ist heute selbstverständlich leichter als jemals zuvor«, sagt Yaffe. Er unterscheidet jedoch zwischen Neu-Aufbauten und Custom-Bikes. Er vermarktet seine einzigartigen originalen Paul-Yaffe-Chopper-Kits über einen Versandhandel. Das Einzige was fehlt, ist der Arbeitsschweiß und der Lack. »Ist das ein Custom-Bike?« fragt er dazu rhetorisch. Er gibt zu, dass er auch nicht weiß, wie man diese Frage beantwortet, aber er persönlich würde niemals das gleiche Motorrad noch einmal bauen – »Niemals!«. Als Künstler kann er nur dann innere Befriedigung finden, wenn er die Form zerbricht und mit jedem neuen Projekt etwas völlig anderes kreiert. Er sieht aber auch seine Verantwortung für die geschäftliche Seite. »Es ist sehr schwierig, seinen Lebensunterhalt damit zu verdienen, wenn man immer nur ein Motorrad zurzeit baut«, sagt Yaffe.

»Vor zehn Jahren gab es dies noch gar nicht«, sagt Yaffe. »Alle nahmen Serienmotorräder, und wenn man eine andere Rahmengeometrie wollte, schnitt man es auf und machte etwas daraus. Ab und zu hat jemand einen völlig neuen Rahmen gebaut. Aber es

gab keine großen, fetten Reifen, es gab keine gefrästen Teile, und es gab keine zwölf verschiedenen Motoren zur Auswahl. Es war alles Harley-Zeug.« Er war immer ein Befürworter der originalen Harley-Davidson-Motoren. Er ist einer der wenigen Meister-Schmiede, die diese Aggregate bevorzugen – obwohl er sie zerlegt, um ihnen mehr Pferdestärken zu geben, wie er sagt. Yaffe mag Motorleistung, aber nicht auf Kosten der Zuverlässigkeit. Er ist auch mehr ein Fahrwerk- als ein Motoren-Mann.

»Fahren ist für mich Therapie«, sagt er. Er fährt zusammen mit den »Hamstern« – der Gruppe nicht so gruseliger Biker, die alle Custom-Schlitten besitzen. Die Gruppe wurde von seinen Idolen Donnie Smith, Dave Perewitz und Arlen Ness gegründet, für die seine Firma Paul Yaffe Originals gelegentlich Blecharbeiten ausführt. »Alle diese Kerle sind meine Helden. Es ist so cool, sie manchmal zu Besprechungen bei mir zu haben. Als ob ein Traum Wirklichkeit wird!«

Im Alter von 15 Jahren begann Paul sich selbst die Kniffeligkeit der Motorradtechnik beizubringen. Sein Vater ließ ihn an einem Triumph-Chopper herumbasteln, der aus alten Zeiten übrig geblieben war. Dann gab es eine mehrjährige Lücke, in der Paul das Interesse an Motorrädern verlor und weniger positiven Aktivitäten nachging. Als junger Mann hatte er ernsthafte Probleme mit Drogen und Alkohol. »Ich habe sicherlich viel Mist gebaut«, erklärt er. »Ich bin niemals auf die Highschool gegangen. Ich hing am Hintereingang herum und verkaufte der gesamten Schülerschaft Drogen.«

Als er wieder clean war, fing Paul erneut mit Motorrädern an. In den folgenden fünf Jahren schraubte er in jeder freien Minute. Sein Lehrplan bestand aus Versuch und Irrtum. Beispielsweise wollte er eine Maschine auf Lenkerblinker umbauen. Paul telefonierte mit dem örtlichen Harley-Händler und fragte, wie viel der Einbau bei ihm kosten würde. Man nannte ihm die Summe von 200 Dollar, also wusste er, was er sparen könnte, wenn er es selbst ausprobierte. Wenn er es vermasseln würde, könnte der Händler ihm immer noch aus der Patsche helfen. Er fragte, wie teuer das Verlegen der Kabel im Lenker werden würde. Der Händler nannte ihm einen Preis, und Paul probierte es zunächst selbst. Er hatte viele Rückschläge zu verkraften, aber er lernte daraus.

Yaffes Kunden haben einen großen Einfluss auf das Design der für sie gebauten Motorräder. Er fühlt sich geehrt, für ein großartiges Design ausgewählt worden zu sein, auch wenn es nicht völlig aus seiner eigenen Inspiration stammt. Beispielsweise sandte ihm der Sohn eines Kollegen einen Entwurf, der ihn so sehr beeindruckte, dass er sich dazu entschied, ihn zu bauen. Paul will die Konzept-Skizzen in etwas Fahrbares verwandeln und die gesamte Konstruktion übernehmen. Schließlich will er den PYO-Look und das entsprechende Gefühl integrieren.

»Es ist eine Zusammenarbeit«, sagt Paul, »aber ich bin sehr eigensinnig.« Er will nichts tun, von dem er glaubt, es sei nicht cool. Und er will für niemanden ein Motorrad bauen, den er nicht für cool hält. »Geldsäcke und Berühmtheiten denken, sie können sich ganz nach oben kaufen. Die Kerle mit dem meisten Geld wollen den größten Rabatt! Es ist lustig, wie das immer funktioniert. Du übertrittst eine Linie und rennst bei mir gegen eine Wand. Es ändert die ganze Dynamik von dem, was wir tun.« Diejenigen, die Besitzer eines PYO-Bikes werden, gehören auch zu Pauls Freunden. »Da kannst du gar nichts machen, man wird durch solche Gemeinsamkeiten zu Freunden«, sagt er.

Für die Zukunft der Chopper arbeitet PYO an einer neuen Motorrad-Stilrichtung. »Double-Trouble« ist ein zeitgenössisches High-End-Bike, das über eine Menge gefräster Teile und radikale Komponenten verfügt. Obwohl er dieses Motorrad mehr gestreckt hat als jedes zuvor, liegt sein Lenkkopf zehn Zentimeter tiefer anstatt zwölf oder 15 Zentimeter höher. Der Tank ist vorne heruntergezogen. Es sieht aus wie ein Dragster: lang, flach und stabil genug für breite Reifen und dreistellige Pferdestärken.

Beim Diskutieren über radikale Chopper, die riesige Motoren und eine heftige Rahmengeometrie aufweisen, muss Yaffe lachen: »Du bringst dich selbst damit um! Was soll das? Wenn du wirklich die Leistung ausnutzt, wird der Wind unter die Maschine fassen und sie abheben lassen. Ich baue Dinge, die funktionieren und die Leistung handhaben können. Diese 150 PS-Motoren laufen so unrund, und die Maschinen sind so gewaltig, dass sie Bleche und Schweißnähte, Getriebe und Zahnriemen, Bremsen und Reifen nur so fressen.« Da er Motorräder baut, die zum Fahren gedacht sind, findet er die Idee, ein Bike nur für die Show zu bauen, lächerlich.

Yaffe denkt, dass die traditionelle Herangehensweise von Leuten wie Chica und Billy Lane das Feuer der alten Schule am Brennen hält und die Popularität noch weiter steigern wird. Dann witzelt er: »Aber trotzdem wirst du an meinen Maschinen keine Waschmaschinen-Ersatzteile finden.«

Bob Job

Chopper King

Danksagung

Ich hatte seit zehn Jahren nicht mehr ernsthaft mit einer Kamera gearbeitet, als ich dieses Projekt begann. »Es ist wie mit dem Fahrradfahren«, sagten alle meine Freunde. Sie waren zuversichtlich, dass ich es wieder hinbekam. Aber ich hatte noch niemals zuvor Motorräder fotografiert. Dies zeigt ein großes Vertrauen von Seiten meines Verlegers. Also studierte ich so viele Studioaufnahmen von Motorrädern, wie ich finden konnte; und dann trainierte ich mithilfe von Harold Pontarelli das Fotografieren. Das hatte auch seine gute Seite, denn bevor ich seine Maschinen ein zweites Mal fotografieren konnte, weil ich in der Zwischenzeit noch einiges gelernt hatte, war er das Opfer eines Überfalls geworden. Seine besten Maschinen waren in seinem Laden versammelt gewesen, um in ein Studio in San Francisco transportiert zu werden, als das Unglaubliche geschah. Zumindest sind jetzt einige von ihnen auf Film festgehalten.

Ich hatte ursprünglich vorgehabt, Porträts und Motorräder in einem Durchgang abzulichten und von einem Standort zum nächsten zu gehen. Doch ich hatte dank Harold gelernt, dass der von mir geplante Hintergrund aus weißem Papier nicht immer funktionierte. Bei der leichtesten Bewegung der Lenkung zerknitterten oder zerrissen die Reifen das Papier. Außerdem konnte man es nicht sauber halten und so für mehrere Aufnahmen nutzen. Darüber hinaus war selbst die breiteste Papierbahn zu schmal für die langen Maschinen.

Es wurde sofort klar, dass die Beleuchtung an jedem Standort anders war und dass wir nicht bei jedem Hersteller genügend Platz hatten, um unser transportables Studio aufzubauen. Zudem musste ich sicherstellen, dass die Motorräder auch dort waren, wenn ich kam. Es stellte sich heraus, dass es leichter war, sie in verschiedenen Studios im Lande zu versammeln. Dieser logistische Albtraum der Vorbereitung wurde von Pam Hinojosa und Jody Pribyl gelöst, während ich von Ort zu Ort reiste.

Trotz allem benötigte ich das Papier. Es war auch eine gute Sache, denn ich hatte immerhin verschiedene Maschinen aufzunehmen – nämlich diejenigen, die wir aus verschiedenen Gründen nicht in ein Studio transportieren konnten. Mein Assistent Tom Irving und ich mussten oft improvisieren. Beispielsweise mussten wir die Tische im Olde Tymers Saloon in Bisbee, Arizona, herausbauen, um einen von Pat Kennedys Choppern zu fotografieren. Charlie Gahn und seine Gang machten die andernfalls unmögliche Aufnahme möglich. Ich mietete ein Studio in Daytona Beach, nur um vor unserer Anreise herauszufinden, dass der eingebaute Hintergrund nicht funktionierte. Also bauten wir tatsächlich ein »Cyclorama« – eine nahtlose Wölbung. Dann aber wurden unsere Mühen fast durch einen schweren Sturm und so hohe Luftfeuchtigkeit vereitelt, dass die für die Wölbung verwendeten Bretter sich über Nacht verzogen. Der Boden war aus hölzernen Platten und während einer Marathon-Sitzung sorgfältig verschraubt und lackiert worden.

Am nächsten Morgen sah er wie eine Theaterkulisse für ein Stück auf hoher See aus. Wir mussten es noch einmal machen! Ich habe Billy Collins, dem Besitzer der Pyramax Studios, Eric Harvey, Pete »The Painter« Campanile und Craig McDuffie zu danken, weil sie eine hoffnungslose Situation in der allerletzten Minute retteten.

Die Details dieser und anderer Abenteuer könnten ein eigenes Buch füllen. Dass ich in der Lage war, so viele Beispiele von Chopper-Kunst in solch kurzer Zeit unter ungünstigen Umständen fotografieren zu können, ist eine Leistung, auf die ich stolz bin. Übrigens habe ich mich entschieden, keinerlei Kunstgriffe bei der Entwicklung der Fotos anzuwenden. Sie sind einfach Darstellungen der künstlerischen Arbeit der Chopper-Bauer – nicht meiner. Ich erhebe nicht den Anspruch, ein Motorrad-Fotograf zu sein. Ich bin ein Menschen-Fotograf. Aber wartet auf Band zwei – jetzt weiß ich, wie es geht!

Es ist selbstverständlich, dass nur wenige Unternehmen mit gewisser Qualität ohne die Kooperation vieler selbstloser Individuen, die ihre Freizeit und in vielen Fällen auch körperliche Arbeit dazu beitragen, vollendet werden können. Da gibt es die Leute, die aus sich heraus motiviert sind, und nicht durch den Verdienst. Mit anderen Worten: Ich hätte dieses Buch ohne sie nicht machen können. Also seien ihre Namen hier genannt. Neben den oben erwähnten Personen möchte ich Hank Bannister dafür danken, dass er mir mehr als ein Ohr geliehen hat. Randy Bond stellte seinen Enthusiasmus zur Verfügung. Mark Bradshaw vom Hideaway Grill in Cave Creek, Arizona, ermöglichte ein Porträt. Gery Bybee brachte Klarheit in meine Vision. Curt Cowan bot sowohl zum Buch als auch zu den Motorrädern kluge Ratschläge an. Ich möchte Donnie Dacus danken – einfach weil er seit mehr als 30 Jahren ein guter Freund ist, und ich denke, dass er seinen Namen wieder einmal abgedruckt sehen möchte. Danke an Bill Delzell für die Benutzung des Blue Sky Studios in San Francisco und für die Aufklärung der Nachbarn, warum verrückte Biker mit ohrenbetäubenden Choppern durch die Hallengänge fahren. Danke auch an Bill und Lara Eichenberger für ihre großzügige Gastlichkeit. Rick Fairless machte einen seltenen Chopper zugänglich. Joe Gibbs bewies, dass es mehrere Wege gibt, eine Katze zu scannen – oder ein Foto. Eileen Healy ließ ein besonderes Licht auf dieses Projekt scheinen. Darwin Holmstrom hielt es für angebracht, dieses Buch zu publizieren, und blieb während der gesamten Tortur der Fertigstellung ein Freund – und ist es sogar noch danach. Samantha Isom und Prima Parson halfen mit erstaunlichem Elan, als mein Vollzeit-Kumpel Tony Irvin recht plötzlich aus familiären Gründen vorübergehend ausfiel. Für seine Tapferkeit, so lange die Abwesenheit seiner Frau und Tochter zu ertragen – und für deren Erlaubnis, ihn mir so lange auszuborgen –, grüße ich ihn. Ich verdanke meine Gesundheit Reed und Penny Kailing, die mir im Rock 'n Roll Rest Home den Druck abbauen halfen. Samy Kamienowicz versorgte mich mit mehr als einem Geistesblitz. Tom Kunhard und John Mahaffey gaben mir sowohl eine Leinwand als auch eine Palette, um damit zu malen. Dank an Troy und Sarah Moore, deren Herzen und Gastfreundschaft so groß wie Texas sind. Edd Phillip und Bob Kulesh halfen mir, die Dinge in den Griff zu bekommen. Rich Patterson bot mir den Resonanzboden für die Formulierung meines Textes. Alan Schein war immer da, sich meine Klagen anzuhören. Paul Veale verdient Ruhm und Ehre für seine Geduld und dafür, dass er mir seinen Motorradanhänger lieh.

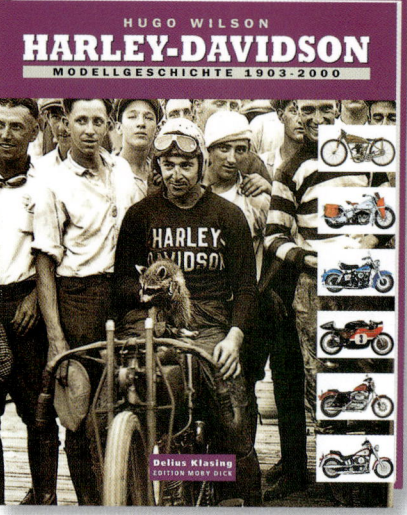

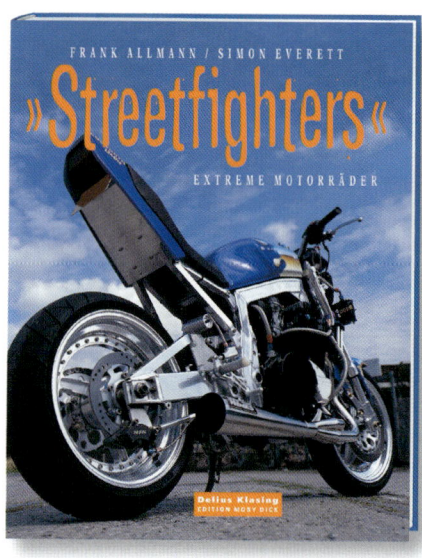